涡轮机械与推进系统出版项目
"两机"专项：航空发动机技术出版工程

航空发动机露天试验技术

梁宝逵 常鸿雯 等 编著

科学出版社
北京

内 容 简 介

本书对航空发动机露天试验的相关内容进行了系统介绍。从试验背景和验证目的出发,对试验原理、试验内容、试验要求、试验流程、测试和评价方法、试验设备等方面进行了全面的分析论述。充分结合实践经验,对试验的关键点给出了相应的建议,力求内容全面、实用、准确。

本书面向从事航空发动机试验的工程技术人员、高年级本科生及研究生,也可以作为航空发动机专业高年级本科生、研究生和航空发动机工程技术人员理解掌握露天试验技术、更好开展露天试验的参考书。

图书在版编目(CIP)数据

航空发动机露天试验技术/梁宝逵等编著. -北京:科学出版社,2022.11

("两机"专项:航空发动机技术出版工程)

国家出版基金项目 涡轮机械与推进系统出版项目

ISBN 978-7-03-073566-9

Ⅰ.①航… Ⅱ.①梁… Ⅲ.①航空发动机—试验 Ⅳ.①V23-33

中国版本图书馆 CIP 数据核字(2022)第 197340 号

责任编辑:徐杨峰 / 责任校对:谭宏宇
责任印制:黄晓鸣 / 封面设计:殷 靓

科学出版社 出版
北京东黄城根北街 16 号
邮政编码:100717
http://www.sciencep.com

南京展望文化发展有限公司排版
广东虎彩云印刷有限公司印刷
科学出版社发行 各地新华书店经销

*

2022 年 11 月第 一 版 开本:B5(720×1000)
2024 年 6 月第七次印刷 印张:11 1/2
字数:225 000

定价:100.00 元
(如有印装质量问题,我社负责调换)

涡轮机械与推进系统出版项目
顾问委员会

主任委员

张彦仲

委 员

（以姓名笔画为序）

尹泽勇　乐嘉陵　朱　荻　刘大响　杜善义
李应红　张　泽　张立同　张彦仲　陈十一
陈懋章　闻雪友　宣益民　徐建中

"两机"专项：航空发动机技术出版工程
专家委员会

主任委员

曹建国

副主任委员

李方勇　尹泽勇

委　员

（以姓名笔画为序）

王之林　尹泽勇　甘晓华　向　巧　刘大响
孙　聪　李方勇　李宏新　杨　伟　杨　锐
吴光辉　吴希明　陈少洋　陈祥宝　陈懋章
赵振业　唐　斌　唐长红　曹建国　曹春晓

"两机"专项：航空发动机技术出版工程
编写委员会

主任委员
尹泽勇

副主任委员
李应红　刘廷毅

委　员
（以姓名笔画为序）

丁水汀　王太明　王占学　王健平　尤延铖
尹泽勇　帅　永　宁　勇　朱俊强　向传国
刘　建　刘廷毅　杜朝辉　李应红　李建榕
杨　晖　杨鲁峰　吴文生　吴施志　吴联合
吴锦武　何国强　宋迎东　张　健　张玉金
张利明　陈保东　陈雪峰　叔　伟　周　明
郑　耀　夏峥嵘　徐超群　郭　昕　凌文辉
陶　智　崔海涛　曾海军　戴圣龙

秘书组
组　长　朱大明
成　员　晏武英　沙绍智

"两机"专项：航空发动机技术出版工程
试验系列
编写委员会

主 编

郭 昕

副主编

徐朋飞　艾克波　崔海涛

委 员

（以姓名笔画为序）

丁凯峰　王永明　王振华　王晓东　艾克波
江　平　吴法勇　张志学　陆海鹰　侯敏杰
姚　华　徐　国　徐友良　徐华胜　徐朋飞
郭　昕　崔海涛　梁宝逵

航空发动机露天试验技术
编写委员会

主　编

梁宝逵

副主编

常鸿雯

委　员

（以姓名笔画为序）

王　则	王　萌	王宝坤	吉海云	刘红霞
刘春宇	李艳军	李维琴	宋志佳	罗振伟
金　镜	秦峥嵘	黄新禹	龚　博	常鸿雯
梁宝逵	薛洪科	戴佳璐		

涡轮机械与推进系统出版项目
序

涡轮机械与推进系统涉及航空发动机、航天推进系统、燃气轮机等高端装备。其中每一种装备技术的突破都令国人激动、振奋，但是技术上的鸿沟使得国人一直为之魂牵梦绕。对于所有从事该领域的工作者，如何跨越技术鸿沟，这是历史赋予的使命和挑战。

动力系统作为航空、航天、舰船和能源工业的"心脏"，是一个国家科技、工业和国防实力的重要标志。我国也从最初的跟随仿制，向着独立设计制造发展。其中有些技术已与国外先进水平相当，但由于受到基础研究和条件等种种限制，在某些领域与世界先进水平仍有一定的差距。为此，国家决策实施"航空发动机及燃气轮机"重大专项。在此背景下，出版一套反映国际先进水平、体现国内最新研究成果的丛书，既切合国家发展战略，又有益于我国涡轮机械与推进系统基础研究和学术水平的提升。"涡轮机械与推进系统出版项目"主要涉及航空发动机、航天推进系统、燃气轮机以及相应的基础研究。图书种类分为专著、译著、教材和工具书等，内容包括领域内专家目前所应用的理论方法和取得的技术成果，也包括来自一线设计人员的实践成果。

"涡轮机械与推进系统出版项目"分为四个方向：航空发动机技术、航天推进技术、燃气轮机技术和基础研究。出版项目分别由科学出版社和浙江大学出版社出版。

出版项目凝结了国内外该领域科研与教学人员的智慧和成果，具有较强的系统性、实用性、前沿性，既可作为实际工作的指导用书，也可作为相关专业人员的参考用书。希望出版项目能够促进该领域的人才培养和技术发展，特别是为航空发动机及燃气轮机的研究提供借鉴。

张彦仲

2019 年 3 月

"两机"专项：航空发动机技术出版工程
序

航空发动机誉称工业皇冠之明珠，实乃科技强国之重器。

几十年来，我国航空发动机技术、产品及产业经历了从无到有、从小到大的艰难发展历程，取得了显著成绩。在世界新一轮科技革命和产业变革同我国转变发展方式的历史交汇期，国家决策实施"航空发动机和燃气轮机"重大科技专项（即"两机"专项），产学研用各界无不为之振奋。

迄今，"两机"专项实施已逾三年。科学出版社申请国家出版基金，安排"'两机'专项：航空发动机技术出版工程"，确为明智之举。

本出版工程旨在总结"两机"专项以及之前工作中工程、科研、教学的优秀成果，侧重于满足航空发动机工程技术人员的需求，尤其是从学生到工程师过渡阶段的需求，借此为扩大我国航空发动机卓越工程师队伍略尽绵力。本出版工程包括设计、试验、基础与综合、材料、制造、运营共六个系列，前三个系列已从2018年起开始前期工作，后三个系列拟于2020年启动，希望与"两机"专项工作同步。

对于本出版工程，各级领导十分关注，专家委员会不时指导，编委会成员尽心尽力，出版社诸君敬业把关，各位作者更是日无暇晷、研教著述。同道中人共同努力，方使本出版工程得以顺利开展，有望如期完成。

希望本出版工程对我国航空发动机自主创新发展有所裨益。受能力及时间所限，当有疏误，恭请斧正。

2019 年 5 月

前　言

　　航空发动机露天试验是地面整机试验的重要部分,是研究和验证发动机整机性能、功能和可靠性重要的、必不可少的试验项目。露天试验就是利用露天环境条件,开展发动机研制过程中只能在露天或者适宜在露天开展的整机试验,如基准性能试验、环境适应试验、吞咽试验、排放测量、姿态试验、陀螺试验等。在军用发动机通用规范和民用发动机适航规定中,对露天试验提出了明确要求。国际上著名的航空发动机制造公司,为了提高自己产品的竞争力,广泛开展发动机露天试验,建设了规模大、能力强的露天试验设施。

　　本书从航空发动机露天试验要求出发,分析试验背景、试验内容,结合作者多年的实践经验,系统阐述了露天试验方法、试验流程、测试方法和评价方法,完整介绍了露天试验需要的试车台架、试验配套装置和专用测试仪器等关键设备设施的构造、功能和主要组成部分。

　　随着对航空发动机研制规律的认识不断深入,对试验提出了新的更高的要求。系统研究和总结航空发动机露天试验技术和方法,对于提升露天试验能力、完善我国航空发动机试验体系、加速发动机研制进程具有重要意义。

　　本书由中国航发沈阳发动机研究所主责编制。主编为中国航发沈阳发动机研究所梁宝逵研究员,副主编为常鸿雯研究员,负责本书的策划和总体编写工作。第 1 章由梁宝逵研究员、常鸿雯研究员和刘红霞高级工程师编写;第 2 章由吉海云高级工程师编写;第 3 章由王萌高级工程师和刘春宇高级工程师编写;第 4 章由薛洪科高级工程师和李艳军高级工程师编写;第 5 章由李艳军高级工程师、王则工程师、戴佳璐工程师和黄新禹工程师编写;第 6 章由宋志佳高级工程师和秦峥嵘工程师编写;第 7 章由罗振伟高级工程师和龚博高级工程师编写;第 8 章由常鸿雯研究员和王则工程师编写。在此,对所有参与本书编撰的作者表示感谢。

航空发动机露天试验技术需要适应先进航空发动机研制的要求，与试验方法、测试技术、试验设备等方面的进步和发展密切相关。本书编写的内容是基于目前认识的总结，由于作者的水平和认知有限，书中难免有不足之处，敬请批评指正。

梁宝逵
2022年3月20日于沈阳

目 录

涡轮机械与推进系统出版项目·序
"两机"专项：航空发动机技术出版工程·序
前　言

第 1 章　绪　　论

1.1　航空发动机研制中试验的地位和作用 ………………………………… 001
1.2　航空发动机露天试验及其种类 …………………………………………… 002
1.3　国外典型露天试验设施 …………………………………………………… 010

第 2 章　露天基准性能试验

2.1　航空发动机推力测量 ……………………………………………………… 021
2.2　露天基准性能试验要求 …………………………………………………… 025
2.3　露天基准性能试验方法 …………………………………………………… 026
2.4　露天基准性能试验设施 …………………………………………………… 031

第 3 章　露天排放测量试验

3.1　噪声试验 …………………………………………………………………… 034
　　3.1.1　发动机的噪声与危害 ………………………………………………… 034
　　3.1.2　发动机噪声试验原理及类型 ………………………………………… 037
　　3.1.3　发动机噪声试验要求 ………………………………………………… 039
　　3.1.4　发动机噪声试验流程 ………………………………………………… 040
　　3.1.5　发动机噪声试验设备 ………………………………………………… 044
3.2　红外试验 …………………………………………………………………… 047
　　3.2.1　发动机红外特征的测量 ……………………………………………… 048

3.2.2 发动机红外试验要求 …………………………………… 052
3.2.3 发动机红外试验流程 …………………………………… 054
3.2.4 发动机红外试验数据处理 ……………………………… 055
3.2.5 发动机红外试验设备 …………………………………… 058

第 4 章 露天环境试验

4.1 侧风试验 …………………………………………………………… 063
    4.1.1 侧风试验要求 …………………………………………… 064
    4.1.2 侧风试验方法和内容 …………………………………… 065
    4.1.3 试验数据处理方法 ……………………………………… 069
    4.1.4 试验设备 ………………………………………………… 070
4.2 地面结冰试验 ……………………………………………………… 075
    4.2.1 结冰过程和影响因素 …………………………………… 076
    4.2.2 结冰试验类型 …………………………………………… 080
    4.2.3 结冰试验要求 …………………………………………… 082
    4.2.4 结冰环境条件模拟 ……………………………………… 085
    4.2.5 地面结冰试验方法和流程 ……………………………… 089
    4.2.6 地面结冰试验设备 ……………………………………… 091

第 5 章 吞 咽 试 验

5.1 吞水试验 …………………………………………………………… 099
    5.1.1 吞水试验要求 …………………………………………… 100
    5.1.2 吞水试验流程 …………………………………………… 101
    5.1.3 吞水试验设备 …………………………………………… 104
5.2 吞鸟试验 …………………………………………………………… 106
    5.2.1 吞鸟试验种类及关键技术 ……………………………… 107
    5.2.2 吞鸟试验要求 …………………………………………… 111
    5.2.3 吞鸟试验内容 …………………………………………… 113
    5.2.4 吞鸟试验设备 …………………………………………… 116
5.3 吞冰片试验 ………………………………………………………… 118
    5.3.1 吞冰片试验要求 ………………………………………… 118
    5.3.2 吞冰片试验方法 ………………………………………… 119
    5.3.3 吞冰片试验设备 ………………………………………… 121
5.4 吞雹试验 …………………………………………………………… 123

  5.4.1 吞雹试验要求 ………………………………………………… 123

  5.4.2 吞雹试验的流程 ……………………………………………… 124

  5.4.3 吞雹试验设备 ………………………………………………… 126

5.5 吞砂试验 ……………………………………………………………… 127

  5.5.1 吞砂试验要求 ………………………………………………… 128

  5.5.2 吞砂试验的流程 ……………………………………………… 129

  5.5.3 吞砂试验设备 ………………………………………………… 130

第6章 包 容 试 验

6.1 包容试验种类 ………………………………………………………… 135

6.2 包容试验要求 ………………………………………………………… 136

6.3 包容试验关键技术 …………………………………………………… 137

  6.3.1 叶片飞断技术 ………………………………………………… 137

  6.3.2 响应测量技术 ………………………………………………… 138

6.4 包容试验流程 ………………………………………………………… 139

  6.4.1 试验准备 ……………………………………………………… 139

  6.4.2 试验过程 ……………………………………………………… 140

  6.4.3 试验后检查 …………………………………………………… 141

第7章 姿 态 试 验

7.1 姿态试验要求 ………………………………………………………… 144

7.2 姿态试验方法 ………………………………………………………… 145

7.3 姿态试验设施 ………………………………………………………… 146

  7.3.1 基础支撑架 …………………………………………………… 146

  7.3.2 姿态系统 ……………………………………………………… 147

  7.3.3 试验配套系统 ………………………………………………… 149

  7.3.4 设备控制系统 ………………………………………………… 150

第8章 陀 螺 试 验

8.1 陀螺力矩的产生及对发动机的影响 ………………………………… 151

8.2 陀螺力矩试验要求及试验流程 ……………………………………… 152

  8.2.1 陀螺试验要求 ………………………………………………… 152

8.2.2 陀螺试验流程 ……………………………………………… 154
8.3 陀螺试验的关键技术 …………………………………………… 156
　　8.3.1 陀螺力矩及线性载荷加载技术 ……………………………… 156
　　8.3.2 转静子间隙测量技术 ………………………………………… 157
　　8.3.3 发动机进气整流、推力抵消技术 …………………………… 161
8.4 陀螺试验设施 …………………………………………………… 161
　　8.4.1 载荷模拟系统 ………………………………………………… 162
　　8.4.2 姿态模拟系统 ………………………………………………… 162
　　8.4.3 排气导流装置 ………………………………………………… 162
　　8.4.4 主动平衡系统 ………………………………………………… 162
　　8.4.5 参数测量系统 ………………………………………………… 162
　　8.4.6 试车测试系统 ………………………………………………… 163

参考文献 …………………………………………………………………… 164

第1章
绪　　论

1.1　航空发动机研制中试验的地位和作用

　　航空发动机是一种高温、高压、高速旋转的热力机械,在广阔的飞行范围和恶劣的环境条件下长期反复使用、高效可靠工作,涉及气体动力学、热力学、燃烧学、结构强度、控制技术、试验与测试技术、材料学和制造工艺等多个学科和专业领域。航空发动机的研究与发展是在内部流场无法精确计算的条件下,不断探索提高性能,充分挖掘材料和零部件工作极限的情况下进行的。发动机内部复杂的气动与热力过程、结构形式和使用要求,决定其研究和发展是一个设计、制造、试验、修改设计、再制造、再试验的反复迭代过程。实践证明,没有足够的试验设备和大量的试验工作,要想研制出发动机是不可能的。统计表明,研制一型发动机,需要10~20台,个别多达50~60台发动机,进行10 000~20 000小时的整机地面试验(其中包括2 000~4 000小时的地面模拟高空试验)和4 000~5 000小时的飞行试验以及40 000~100 000小时的零部件试验。

　　发动机研制中要经过大量的零部件试验、整机地面与飞行试验才能确定发动机的性能、耐久性和适应性。部件间的相互影响、飞行条件变化引起发动机性能和稳定性的改变,要由试验确定。在发动机研制中,试验不仅是必要的,而且随发动机技术的发展,要求试验技术、试验设备和测试手段不断提高和发展。发动机型号研制的水平很大程度上取决于试验、测试技术和试验设备的水平。

　　一般地,航空发动机的试验分三大类:性能试验(performance tests)、适应性试验(operability tests)和耐久性试验(durability tests)。

　　亦可根据试验对象、学科专业、最终目的、试验件尺寸、试验状态等进行分类。

　　按试验对象可分为零部件试验、系统试验、核心机试验、整机试验。

　　按学科专业可分为气动、燃烧、换热、控制、机械传动、结构强度、材料、工艺等各类试验。

　　按最终目的可分为研究探索性试验、型号研制试验和批产发动机试验。

按试验件尺寸可分为模型试验、全尺寸试验。

按试验状态可分为模拟试验、全状态试验。

航空发动机试验类别和分类之所以如此多，与其涉及的学科、技术多有关。另外，在发动机的发展过程中，在降低风险、减少投入的前提下，尽可能在真实的工作状态下掌握整机以及部件、系统等的性能、功能和可靠性等情况。如为降低新发动机在新飞机上的飞行风险，有了飞行台试验；为了更多地了解发动机在空中飞行的工作情况，让发动机在地面"飞"起来，有了高空台试验；为方便、经济地验证整机的性能、可靠性，开展了大量的整机地面试验。整机试验中，虽然可以布置大量的测点测量流动和受力情况，但由于有些部位无法详细测量、有些部位无法测量、测试受感部故障会造成整个发动机严重损坏、不易在极限状态工作等原因，因而需要开展部件试验。部件试验虽然克服了上述缺点，但不易模拟工作状态，需要的试验设备、试验费用比较高，因此，对一些技术成熟度不高、还处于研究探索阶段的技术，需要开展零件、构件等的模拟试验，详细测量流动和受力情况。

试验的作用大致可以概括为以下几个方面：

（1）检验和验证整机及部件的设计性能；

（2）考核发动机的可靠性、耐久性；

（3）检查和修正设计方法；

（4）发现和排除故障；

（5）获取用理论计算不可能得到的技术数据。

从以上论述和分析，可以看出航空发动机试验的特点是：涉及零部件、系统、整机等全系统，涵盖气动性能、机械性能、环境适应性、可靠性、耐久性等全特性，伴随预先研究、工程研制、使用发展等全过程。

1.2 航空发动机露天试验及其种类

现代高性能发动机需要在更加恶劣的环境下高效、稳定运行，对发动机的性能、可靠性和耐久性提出了更高的要求。这也对试验项目提出了更加全面的要求，其中整机试验是最重要的试验项目，可以直接地反映发动机的运行状态和能效情况。航空发动机整机试验包括地面试验、高空台试验、飞行台试验。

整机地面试验包括室内试验和露天试验。

航空发动机露天试验就是利用露天条件，开展发动机研制过程中只能在露天或者适宜在露天开展的整机试验，如基准性能试验、环境适应试验、吞咽试验、排放测量、姿态试验、陀螺试验等，这些试验是研究和验证发动机整机性能、功能和可靠性重要的、必不可少的试验项目。为此，国外航空发达国家广泛开展发动机露天试验,建设了规模大、能力强的露天试验设施。

航空发动机通用规范(GJB 241A—2010、GJB 242A—2018、JSGS—87231A、JSSG—2007A 等)和发动机适航规定(CCAR-33、FAR-33 等)是发动机型号研制、验证、试验和交付使用的依据,其中对航空发动机整机试验提出了要求和指导意见。通过梳理通用规范、适航规定对发动机露天试验的要求,结合国外航空发动机露天试验情况,整理归纳出军民用涡喷、涡扇、涡轴、涡桨航空发动机露天试验7类,即基准性能试验、环境试验、吞咽试验、包容试验、排放测量、姿态试验、陀螺试验。

1. 基准性能试验

发动机室内试车台由于受外部环境因素影响相对较少,还能控制发动机运行时产生的噪声,广泛用于评估航空发动机的性能。但在封闭的室内试车台,由于有气流流过试车间,对发动机产生一定的迎面速度、发动机外部有气流通过,不能完全满足发动机的地面静止条件,需要对测量的推力等进行修正,这些都为发动机性能的评定引入了不确定因素。

航空发动机在露天试车台试验时,周围的空气流速为零,测量的推力在考虑了测量设备的误差后,即为真实推力。

因此,露天试车台的主要功能之一,就是在露天基准试车台(图 1.1)上对基准发动机进行性能标定试验。标定试验后,将基准发动机安装在被校准的试车台上,进行校准试车,以确定被校准试车台的修正系数。这种校准称为交叉校准,是国外广为采用的试车台校准方法。

图 1.1 国外露天基准试车台

2. 环境试验

发动机在自然环境中可靠工作,具备良好的环境适应性,是发动机设计、验证中重点考虑的一个方面。从试验的便捷性和经济性角度考虑,开展环境试验要充分利用地理和自然条件模拟真实发动机工作条件。露天开展的环境试验主要有侧风试验和地面结冰试验。

1) 侧风试验

发动机侧风试验(图1.2)的目的主要是检验发动机在侧风条件下发动机的工作稳定性。飞机都是在宽广的空域和复杂的气象条件下飞行的,随时都可能遇到与发动机中心线成风切变的气象条件。侧风,特别是强侧风将造成发动机进口流场畸变,对发动机起动性能与稳定工作性能影响较为显著,严重情况下甚至造成发动机起动过程或稳态过程颤振、失速或喘振。这对发动机的工作和飞机的飞行都是十分不利的。

图1.2 通用电气公司侧风试验台

大涵道比发动机短舱较短,侧风对工作稳定性影响较大。因此,对大涵道比发动机来讲,由于其自身的结构特点,通过侧风试验验证其在不同侧风条件下的抗畸变能力尤为重要。

2) 地面结冰试验

飞机在存在冷水滴、冰晶及雪花的大气层中飞行时,发动机的零件、部件,特别是进气部件前沿很可能发生结冰现象。发动机进气系统结冰将改变气流通道的形状,减少发动机进气面积,甚至导致气流分离,引起发动机不稳定工作;在发动机和飞机振动的情况下,冰层可能会脱落而进入发动机,导致发动机零部件发生机械事故；压气机转子叶片结冰会改变叶片形面而使叶片偏离设计状态，使压气机进入不稳定工作状态。为防止这种情况发生，发动机都有防冰系统。发动机地面结冰试验的目的就是在地面验证发动机进气系统结冰情况和防冰系统的工作能力，如图1.3所示。

图1.3　通用电气公司结冰试验台

3. 吞咽试验

飞机在起飞、巡航和下降过程中，发动机会吸入外来物。发动机在吸入外来物后，外来物对流路部件关键部位造成损伤后，仍需要按规定继续工作。吞咽试验包括吞鸟、外来物损伤（外来物是螺帽、螺栓、铆钉、石块、飞机零件、弹壳和工具等）、吞冰、吞咽砂石和灰尘、吸入大气中液态水、吸入武器排气、吸入水蒸气等试验。考虑到场地、危险性、防护等方面的要求，部分试验在露天试车台上开展更为合适，露天开展的吞咽试验主要有吞鸟、吞水、吞冰试验。

1) 吞鸟试验

发生鸟撞事故后，飞机发动机叶片发生变形、断裂，会造成发动机推力下降，断裂的叶片也有可能打伤其他叶片，使其断裂，一旦断裂的叶片飞出穿透机匣，会破坏飞机控制系统。断裂的叶片也会导致发动机转子的不平衡性，造成的后果极其严重，直接影响到飞机的飞行安全，会带来巨大的经济损失，同时也危及乘员的生命安全。

飞机发动机抗鸟撞击的能力，是保证飞机安全的一个重要条件。为了确保飞行安全，就必须在发动机设计时采取必要措施，以减轻发动机在发生鸟撞后的损伤程度，尽可能减少由此而引起的损伤。在适航性规定中，航空发动机必须经过严格的吞鸟试验，评估其承受飞鸟撞击的能力。吞鸟试验如图1.4所示。

图 1.4　Trent1000 发动机吞鸟试验

2）吞水试验

飞机在雨天飞行时，发动机会吞入雨水。如果发动机吞进大量的雨水，雨水进入压气机后在离心力的作用下甩向压气机机匣壁面，可能会使高温的机匣因突然冷却而收缩，导致高速旋转的压气机叶片与机匣间隙减小而发生摩擦，损伤机匣及转子叶片。另外，吞入大量的雨水还会造成压气机喘振，发动机转速降低，甚至是燃烧室熄火。当发动机处于慢车状态时，空气流量较小，若是雨水占空气质量流量的百分比较大，更易于引起发动机熄火。这都涉及飞机的安全问题，因此，在设计定型之前，航空发动机都必须通过吞水试验，如图 1.5 所示。

图 1.5　发动机吞水试验

3) 吞冰试验

相比雨、雪,冰雹尤为危险。在发动机进气级,冰雹可能会损坏发动机短舱、整流罩或风扇叶片。在冰雹通过风扇后,会继续向下游运动,由于受低温环境和通过时间较短,大部分依然为固体。在冰雹到达分流环时,一部分冰雹可能会进入核心机,另一部分冰雹进入外涵。进入外涵的冰雹不会对发动机构成损害,而进入核心机的冰雹则会进入高压压气机,经熔化生成液态的水或者水蒸气。这会以燃烧室熄火或喘振的形式表现发动机的推力损失。因此,吞冰雹试验是评定发动机在降雹环境下的使用性能和抗冰雹冲击的能力,验证冰雹冲击对发动机的影响及后果,如图1.6所示。

图1.6 发动机吞冰试验

航空发动机的吞冰分两种情况:一是吞咽周围环境产生的冰(冰雹);二是吞咽从飞行器上脱落的冰或者发动机进气道脱落的冰。

对于第一种情况,适航规定对验证试验时冰雹的比重、数量和尺寸、吸入速度(最大真实空速)、吸入位置等都有要求。吸入冰雹后,要求不得引起不可接受的机械损失或不可接受的推力损失或要求发动机停车。

对于第二种情况,适航规定对验证试验时冰的数量(应是由于滞后2分钟开启防冰系统而在典型的进气道整流罩和发动机正面积累的最多数量的冰)、吸冰速度(被吸入发动机进气道的冰块的速度)、发动机状态(最大巡航推力)等都有要求。吸冰时,不得引起持续的推力损失、不得要求发动机停车。

4. 包容试验

随着航空工业的发展,航空发动机的推重比不断提高,发动机转子的转速也越来越高。由于发动机叶片长期在恶劣的工作环境中运转,受外来物撞击损伤(foreign object damage, FOD)、低周疲劳(low cycle fatigue, LCF)和高周疲劳(high cycle fatigue,HCF)、微动磨蚀等因素的影响,风扇、压气机和涡轮转子都可能会出现叶片高速离心飞断故障。叶片飞断后如不能被机匣包容,可能会击穿机舱,对乘客造成伤害和机舱失压,如果击中油路或油箱还会导致火灾,造成机毁人亡的严重事故。即使机匣能够包容,机匣的过度变形可能损坏进气机匣或风扇后机匣的连接螺钉。过度变形的机匣与余下叶片的相互作用会造成这些叶片失效或断裂,进而引起一些叶片脱落,造成转子严重不平衡,引起发动机振动,损坏盘传动轴。因此在航空发动机研制过程中,对机匣包容性进行研究非常必要。发动机包容试验试验设备及台架安装位置如图 1.7 所示。

图 1.7　发动机包容试验

5. 排放测量试验

航空发动机的排放包括噪声、红外以及污染物等,利用露天试车台的条件,主要进行噪声和红外的测量。

1) 噪声试验

随着环境保护要求的不断提高,军、民用航空发动机机的噪声污染越来越受到人们的关注。为了限制噪声,国际民用航空组织(International Civil Aviation Organization,ICAO)制定了民航飞机噪声控制标准,并将其作为取得适航证必须满足的条件。这大大促进了降低噪声技术的研究和开发。围绕降低噪声技术,世界著名的航空发动机设计与制造商开展了大量的理论和试验研究,开发并验证了大量的相关技术,收到了很好的效果;另一方面,从航空发动机可靠性要求考虑,声疲劳问题已经提到十分重要的地位。近年来对发动机噪声的研究主要集中在风扇和排气系统。通过选择低噪声设计方法和合适的发动机循环参数可以降低发动机的噪声,降低风扇转速和出口气流速度也可以大大地降低噪声,尤其在高涵道比的发动机上更为明显,如 GE90 涡扇发动机。发动机噪声试验时通常在发动机进口处安装进气流控制装置来消除进气畸变对噪声测试的影响,如图 1.8 所示。

图 1.8　带进气整流装置的噪声测量试车台

2) 红外试验

对于军用飞机,航空发动机的红外特征是衡量其生存力的重要指标。

航空发动机地面红外试验是提供发动机红外特征的必要手段,在露天试车台开展地面红外试验是必要的,露天试车台应该满足发动机地面红外测量的要求。

为了模拟发动机真实工作状态,发动机要求在露天试车台上首先进行正常的试车。根据发动机不同状态下高温尾喷流的喷射距离、测试仪器的测量参数、场地、噪声情况、测试人员和测试设备的可承受能力状态认为测试距离应在 150~200 米。

发动机红外辐射特性测试需要一定的专业测试仪器进行测量,利用傅里叶变换的光谱辐射计可以完成测试任务,利用基于滤光片技术的光谱辐射计也可以完成测试任务。但不同测试仪器的参数影响着测试操作流程、测试距离和测试数据处理等情况,也就要求测试仪器与露天测试平台具有匹配性。测量方法及测试仪器的选择,应与有关飞机部门、专业机构一致。

6. 姿态试验

航空发动机中某些以液体为工作介质的系统,如润滑系统、液压系统等,在发动机处于不同姿态工作时,可能会造成工作性能的改变,发生不正常工作的情况,例如,缺油、轴承腔油池溢出、齿轮箱滑油溢出、滑油泡沫等问题,以及封严泄漏。因此,当飞机以不同姿态飞行时,发动机不受姿态影响满意地起动、运行,也是一个重要的评价指标,这些情况下,发动机能否经受考验,必须经过试验验证。图 1.9 为国外某发动机在姿态试车台上进行姿态试验。

7. 陀螺试验

航空发动机是高速旋转机械,而作为飞机的动力装置,尤其是用于配装歼击机的动力装置,由于飞机需要完成大机动动作,由此会产生较大的偏航角速度以及机动过载,伴随产生的是作用于轴承上的较大的惯性力和陀螺力矩,其中陀螺力矩载荷对于如轴承、低压涡轮轴这样的转子件及如轴承座、承力机匣和安装节这样的重要静子承力件非常重要,甚至是主导性的载荷。在该载荷的作用下低压轴将会产生较大的径向挠曲变形和弯曲应力,较大的挠曲变形会带来转子叶片与机匣间隙的较大变化;转静子间隙的变化会影响到发动机的性能;较大的弯曲应力会降低低压轴的强度及寿命等,因此,开展发动机陀螺力矩试验,对发动机结构完整性、性能衰减等的研究和验证十分重要。图1.10为国外某发动机在陀螺试验台上进行陀螺试验。

图1.9　发动机姿态试验　　　　图1.10　发动机陀螺试验

1.3　国外典型露天试验设施

国际上著名的航空发动机制造公司,在发动机研制过程中,开展了大量的发动机露天试验,均有多座、用于不同试验项目的露天试车台,建设了规模较大、功能齐全的露天试车台区。随着航空发动机研制技术的发展,国外仍在不断补充和改进露天试验设施,并在航空发动机研制工作中发挥着重要的作用。

1. 通用电气公司皮勃尔斯露天试验区

美国通用电气公司航空发动机(General Electric Aircraft Engines,GEAE)分公司是世界上最大的航空发动机设计和研制厂商之一,其皮布尔斯发动机试验中心(Peebles Test Operation),位于辛辛那提(Cincinnati)以东亚当斯(Adams)郡皮布尔斯(Peebles)镇,距离辛辛那提约110公里。自1955年投入使用以来,皮布尔斯试验中心已成为 GEAE 整机试验和评估的一个重要场所,几乎 GEAE 公司所有主要的发动机都在这里进行过基本研究或实际硬件评估。

皮布尔斯试验中心占地 7 000 acre①,丘陵地形,有 9 座露天试车台,4 个室内试车台,2 个装配厂房,可进行发动机性能、耐久性、噪声、吞水、侧风等试验,该中心的场址分布如图 1.11 所示。

具有代表性的露天试车台有 4A、4D、4E、6A。

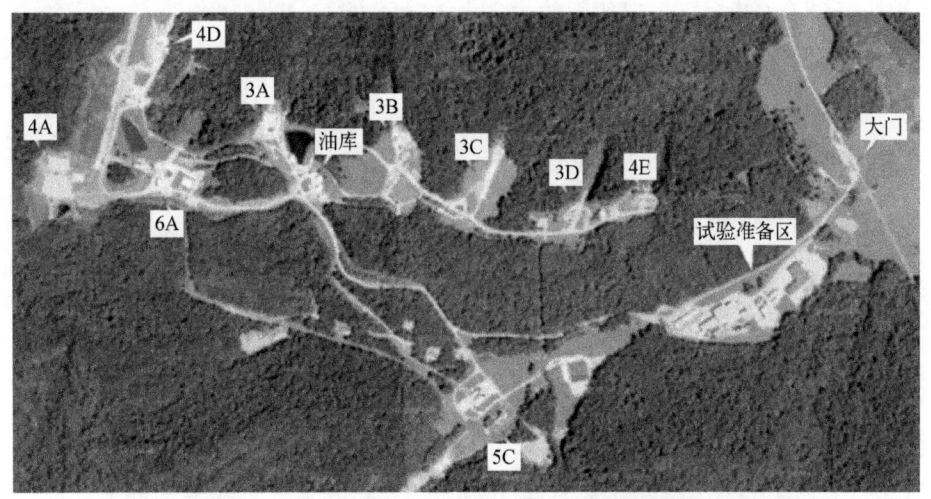

图 1.11　皮布尔斯试验中心场址分布

1) 4A 露天试车台

4A 试车台建设于 1965 年,主要功能:承担发动机侧风、阵风和吞冰试验,如图 1.12 所示。

主要技术参数:

推力:≤450 kN;

侧风角度:0°~135°;

侧风风速:186 km/h。

2) 4D 露天试车台

主要功能:承担发动机声学、性能和侧风等试验。

主要技术参数:

推力:≤450 kN。

图 1.12　4A 试车台

---

① 1 英亩等于 0.404 686 公顷。

3) 4E 露天试车台

4E 试车台是为 GE90 发动机建造的环境试车台,主要承担发动机吞水、吞冰、吞砂、吞鸟、顺风和逆风等各种环境试验。

试车台配备的侧风装置可在发动机正前方到正后方 180°半圆轨道上移动。侧风装置高约 13.7 m(45 ft)、长约 27.7 m(91 ft)、质量约 345 t(760 000 lb)。风源动力由 19 台风机组成,总功率约为 3 542 kW(4 750 hp)。侧风装置最大流量约为 3 629 kg/s(8 000 lb/s),出口速度约为 31 m/s(60 kn)。

图 1.13 为 GE90 发动机在 4E 试车台上进行侧风试验。

图 1.13　GE90 发动机在 4E 试车台上进行侧风试验

4) 6A 露天试车台

6A 露天试车台主要承担发动机性能、耐久性、外物吞咽等试验,如图 1.14 所示。

图 1.14　6A 露天试车台

主要技术参数:

推力:≤450 kN;

发动机轴线距地面:6 m。

2. 普·惠公司露天试验区

美国普·惠公司是世界上著名的航空发动机设计和制造商之一,成立于1925年,在美国佛罗里达州西棕榈海滩有1个露天试车台区。

佛罗里达州西棕榈海滩是普·惠公司发动机和航天推进系统部所在地,占地7 000 acre,位于海边,北纬26°,西经80°。该露天试车台区有8座露天试车台,用于进行侧风、噪声、红外、吞咽、包容、反推力、低循环疲劳试验、海平面性能调试和耐久性试验。具有代表性的型号有C10、C11、C12/C14等。

1) C10号海平面试车台

C10号海平面试车台用于海平面试验,台架为三角形支架,不能旋转,如图1.15所示。

图 1.15　普·惠公司 C10 露天试车台

主要技术参数:

推力:≤340 kN。

2) C11号海平面试车台

C11号海平面试车台用于海平面整机及噪声试验,台架为单立柱悬臂式可旋转,如图1.16所示。

主要技术参数:

推力:≤450 kN。

3) C12/C14号海平面试车台

试车台架为单立柱悬臂式,两个试车台在一栋测控厂房的两侧,发动机前后方

图 1.16　普·惠公司 C11 露天试车台

建设有水池,可以开展性能、反推力、噪声和侧风试验,如图 1.17 所示。

图 1.17　普·惠公司 C12/C14 试车台鸟瞰

为适应 F135 发动机研制的需要,普·惠公司对 C12 试车台进行了改造。试车台架除了原垂直地面的主支撑钢柱外,增加了 4 根直径为 2.44 m 的粗大钢管,以不同角度倾斜,与主支撑臂一起支撑起主悬臂,如图 1.18 所示。整个推进系统,包括主发动机、升力风扇、滚转喷管、三轴承旋转模块及其相关的进排气段和传动系统,以及部分试验辅助设备都安装在主悬臂上。

图 1.18　F135 发动机在 C12 露天台安装状态

3. 美国海军推进动力研究中心

美国海军推进动力研究中心的露天试验场位于新泽西的莱克赫斯特市,该中心有 3 座露天试车台,分别为陀螺试验台、多功能试验台和姿态试验台,用于性能、耐久性、陀螺、反推力和姿态等试验。

1) 陀螺试验台

陀螺试验台是用于测量发动机在飞机机动飞行中产生的陀螺力矩的试验设备。试验台通过围绕偏航轴(水平面)旋转发动机,产生陀螺力矩,如图 1.19 所示。该试验台是世界上唯一能进行陀螺试验的设备,已成功用于 J52、F109、T800 和

图 1.19　陀螺试车台

F414 发动机试验。

主要技术参数：

推力为 50 000 lb(226.8 kN)；

陀螺载荷为 4 500 000 in·lb(508 100 N·m)；

加速度为 $0.22 \sim 0.63$ rad/s^2；

减速度为 $0.24 \sim 0.47$ rad/s^2；

旋转方向为顺时针方向和逆时针方向；

旋转速度为 $0 \sim 3.6$ rad/s；

旋转平面为水平；

最大有效负载为 25 000 lb(113.4 kN)。

2) 多功能试验台

多功能试验台用途广泛，台架在一定范围内可旋转，减小风向对发动机试车的影响，该试验台特别适用于高精度的标准和校准试验，是美国海军歼击机和强击机主要校准设备，已应用于美国海军服役的大多数发动机。

此外，多功能试验台还完成了红外追踪、噪声、排放污染、发散和发动机持久试验。

多功能试验台主要技术参数：

推力为 50 000 lb(226.8 kN)；

转向为顺时针和逆时针。

3) 姿态试车台

姿态试车台(图 1.20)可用于评估在不同的飞行姿态条件下对发动机的轴承

图 1.20　姿态试车台

和滑油系统的影响,其不仅可以承担涡桨发动机姿态试验,也可承担涡喷和涡扇发动机姿态试验,在该试车台上开展了各种研究性试验和美国联邦航空管理局(Federal Aviation Administration,FAA)取证试验。

主要技术参数如下。

可试最大推力: 34 000 lb(154.22 kN)。

可试最大轴功率: 7 000 shp(5 219.99 kW)。

俯仰范围: $-60°\sim+115°$。

俯仰速率: 7.5°/s。

横滚范围: $-50°\sim+50°$。

横滚速率: 7.5°/s。

最大螺旋桨直径: 45 ft(13.716 m)。

可试发动机直径: 72 in(1.828 8 m)。

发动机安装高度: 30 ft(9.144 m)。

4. RR 公司露天试验区

英国罗尔斯·罗伊斯公司(RR 公司)是欧洲最大的航空发动机公司。

RR 公司曾经在德比东北约 32 公里诺丁汉的哈克诺尔(Huchnall, Nottingham)建有一个发动机试验区,有整机露天试车台和室内试车台。其中,6 号、9 号和 11 号露天试车台主要用于侧风、噪声、吞咽、包容、反推力、X 射线及地面性能调试和耐久性试验。

1) 6 号试车台

6 号试车台在 20 世纪 70 年代建成,是 4 立柱悬挂式,后面有金属卧式消声器,主要用于发动机包容试验、吞咽试验、冷起动试验,图 1.21 为 Trent 发动机模拟全推力起飞状态下鸟撞击试验。

试车台可试发动机推力 ≤ 770 kN。

在该试车台做发动机冷起动试验的方法是: 在试车台前方有一个可移动的箱体,低温试验时将箱体移入包住发动机,使用液氮冷冻,冷到-54℃后保温 6 小时,保温结束后移开箱体起动发动机。

2) 9 号试车台

9 号试车台用于发动机侧风试验、吞咽试验,见图 1.22。该试车台曾是 RR 公司功能较全、测点较多、

图 1.21 在 RR 公司 6 号试车台上完成的 Trent 发动机吞鸟试验

用途较广的一个重要的露天试车台。采用单立柱悬臂式结构,后面设有可移动排气消声装置。

主要技术参数:

推力为≤770 kN;

中心标高为5~6 m。

图1.22　RR公司的9号试车台

图1.23　RR公司的11号试车台

3) 11号试车台

11号试车台是一个试车台架可旋转355°单立柱悬臂式露天试车台,可进行发动机噪声、侧风及反推力试验,如图1.23所示。

主要技术参数:

推力为≤500 kN;

中心标高为6.4 m;

台架高度为13.4 m;

进气整流装置直径为7.3 m。

5. 在加拿大的露天试验台

1) 通用电气公司温尼伯试车台

2012年,通用电气公司在加拿大温尼伯(Winnipeg)建成了发动机测试与研发中心(Testing, Research and Development Center, TRDC)。该中心位于北纬50°附近,占地面积约1.1万平方米,由StandardAero公司负责运营。在该中心的发动机试车台上,可充分利用当地的低温时间长的气象条件,开展在极端寒冷环境下的发动机试验,如地面结冰试验、低温(起动)试验,如图 1.24 所示。试车台配备有风源装置,由 7 个大功率风扇驱动,出口风速最高可达 29.06 m/s。

图 1.24　通用电气公司温尼伯试车台

2) GLACIER 试验台

GLACIER(The Global Aerospace Centre for Icing and Environmental Research)试验设施位于加拿大马尼托巴省的汤普森市(Thompson, Manitoba),由加拿大国家研究委员会(National Research Council, NRC)、普·惠、罗·罗合作建设,由 MDS Aero Support 负责设计及运营管理。GLACIER 主要用于航空发动机的结冰试验,以及性能试验和耐久性试验。利用当地的低温时间长的气象条件,采用与发动机直接连接的结构形式,开展发动机地面结冰试验。进行地面结冰试验时,采用两个喷雾环,分别对应的流量范围是 45~500 kg/s 和 230~1 600 kg/s,如图 1.25 所示。主要结冰参数指标是：液态水含量 $0.1 \sim 3.8 \text{ g/m}^3$、水滴直径 15~40 μm。设计时考虑了

图 1.25　GLACIER 试验台

过冷大水滴结冰试验和冰晶混合结冰试验的要求,设计水滴直径范围100～500 μm,目前水滴直径可达150 μm。

综合考察国外发动机露天试车台的情况,具有如下特点:

(1) 功能、配套设施齐全,根据不同的试验要求,选择场地,建设不同的试车台和配套试验装置,并随技术发展不断改进完善,水电油气等配套设施完备;

(2) 占地面积大,如通用电气公司、普·惠公司的露天试车台区占地面积7 000 acre,约28.33 km^2;

(3) 充分利用自然条件,一是选择接近标准大气条件的地区建设露天试车台;二是根据特定功能要求选择建设地点(如发动机结冰试验台选择在高纬度地区)。

第 2 章
露天基准性能试验

航空发动机是飞机的动力装置,其性能水平对飞机的飞行性能具有决定性的影响。航空发动机的性能是用户关注的重点,稳态性能参数和工作过程参数不但是航空发动机重要的性能指标,同时也是航空发动机分析、保养、监测、诊断等必不可少的依据,对于保证飞机的飞行性能和可靠性有重要意义。

航空发动机设计之初就确定了相关的性能参数,如推力、空气流量、燃油流量、燃油消耗率等,通过制造组装的航空发动机的性能是否达到设计指标,需要通过航空发动机性能试验来验证。

航空发动机性能试验是通过整机试车台完成的。试车台的主要功能是得到准确的发动机性能,但试车台所营造的试验环境会影响试验中测量的数据,室内试车台尤其如此。

在室内试车台,流过发动机周围的气流产生的几种流动现象与室外试车台或在翼不同,因此,测量的推力和发动机传递的推力不同,同一台发动机在不同试车台的推力也存在差异,特别是当被试发动机流量大、引射流量大时,试车间空气流速高,二次流产生的流场畸变、分离以及回流现象更明显,因此要通过大量试验对发动机/试车台进行推力修正。目前,一般试车台的修正方法有两种:一种是通过对试车台速度场、压力场的测量和气动研究,确定进气冲量、迎风阻力和喷口负压等产生的推力修正;另一种是由一台标准发动机在基准试车台开展基准性能试验后,进行推力传递确定各试车台的推力修正系数。

发动机在露天基准试车台进行性能标定的试车为露天基准试车。

本章首先分析航空发动机在试车台上的推力测量,其次论述露天基准性能试验要求、方法和试验设施。

2.1 航空发动机推力测量

为分析在室内试车台与露天基准性能试车台测量推力产生差异的原因,先介绍航空发动机的推力计算模型以及在两种试车台上推力计算模型的不同。

1. 航空发动机推力计算模型

将航空发动机及其周围气流区域作为研究模型,如图 2.1 所示。作用在航空发动机上的有效推力为

$$F_{测量} = F_{内} - F_{外} \tag{2.1}$$

其中,$F_{测量}$ 为航空发动机测量推力;$F_{内}$ 为航空发动机对流经内部空气的作用力;$F_{外}$ 为航空发动机对流经外部空气的作用力。

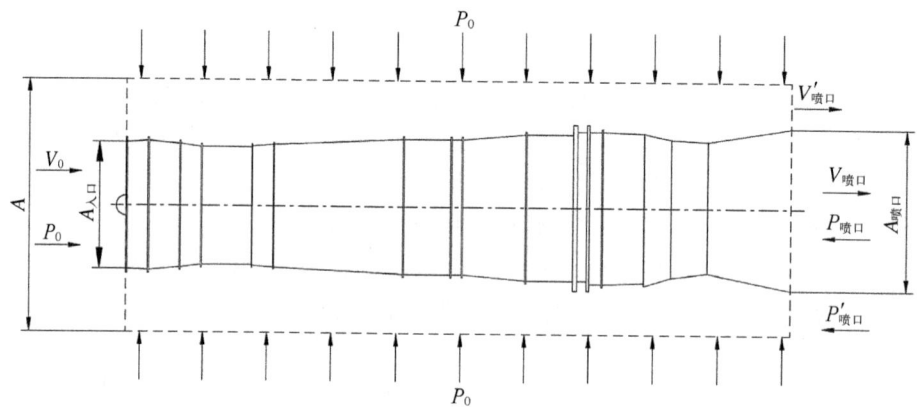

图 2.1 发动机推力推导模型

根据欧拉动量定律可以得到 $F_{内}$ 和 $F_{外}$:

$$F_{内} = m_{内} V_0 - P_0 A_{入口} + P_{喷口} A_{喷口} - \int_0^1 P \mathrm{d}A \tag{2.2}$$

$$F_{外} = m_{外}(V'_{喷口} - V_0) + P_0(A - A_{入口}) - P'_{喷口}(A - A_{喷口}) - \int_0^1 P \mathrm{d}A \tag{2.3}$$

其中,$m_{内}$ 为航空发动机内空气的质量流量;$m_{外}$ 为航空发动机外空气的质量流量;$P_{喷口}$ 为航空发动机喷口处空气压力;$P'_{喷口}$ 为航空发动机喷口周侧空气压力;P_0 为环境大气压力;A 为航空发动机研究单元面积;$A_{入口}$ 为航空发动机进气道面积;$A_{喷口}$ 为航空发动机喷口面积;V_0 为航空发动机进气道内空气流速;$V'_{喷口}$ 为航空发动机喷口周侧空气流速。

从而得到如下公式:

$$\begin{aligned} F_{测量} &= m_{内} V_{喷口} + (P_{喷口} - P_0) A_{入口} - m_{内} V_0 \\ &\quad + m_{外}(V'_{喷口} - V_0) - P_0 - P'_{喷口} A - A_{喷口} \\ &= F_{总} - F_{进冲} + F_{阻} \end{aligned} \tag{2.4}$$

其中，$F_总 = m_内 V_{喷口} + (P_{喷口} - P_0) A_{入口}$，为航空发动机的标准总推力；$F_{进冲} = m_内 V_0$，为进气冲量损失；$F_阻 = m_外 (V'_{喷口} - V_0) - P_0 - P'_{喷口} A - A_{喷口}$，为外部气流对航空发动机所产生的压差阻力和摩擦阻力。

航空发动机在试车台试车时，气流对发动机有一定的迎面速度，从而产生一定的进气冲压，从而使试车台测得发动机推力存在误差，即为进气冲压损失。

由于发动机排气的引射作用，航空发动机周围空气存在流动而非静止，当气流流动时对发动机产生一定力的影响，并且造成发动机周围的静压不满足"地面静止"条件也产生一定的力，这部分力对发动机推力测量产生影响，即为外部气流对航空发动机所产生的压差阻力和摩擦阻力。

2. 室内试车台推力分析

航空发动机在室内试车台进行试车时，因试车间空间有限从而造成发动机周围的压力及流速不同，如图2.2所示。

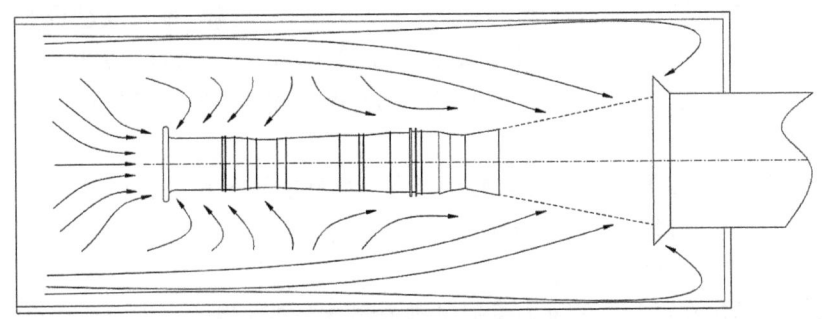

图 2.2　室内试验时发动机周围空气流线图

航空发动机在室内试车台进行试验时，从进气塔方向吸取大量的空气，同时因为航空发动机喷出尾流的引射作用，使得试验间内的空气流速很大，因此，气流经过航空发动机进气道时有一定压力损失，并且对航空发动机有一定的迎面速度从而对航空发动机造成一定的进气冲量，而该进气冲量与航空发动机的推力方向相反，即 $V_0 \neq 0$，则 $F_{进冲} \neq 0$，也就是该冲量造成航空发动机的推力变小。同时，空气气流流经航空发动机外部并沿着航空发动机轴向的速度和静压均有变化，$P'_{喷口} \neq P_0$，$V'_{喷口} \neq V_0$，因此，$F_阻 \neq 0$，也就是存在发动机外部空气流在其表面所产生的压差阻力和摩擦阻力，所以，航空发动机在室内试车台试车时，所测得的推力与在静止状态下的理想推力存在差异。

3. 露天基准性能试车台发动机推力分析

航空发动机在露天基准性能试车台试车时，航空发动机周围的空气流线如图2.3所示。航空发动机在露天基准性能试车台上试车时，分析航空发动机周围空气流线可以得出如下结论：

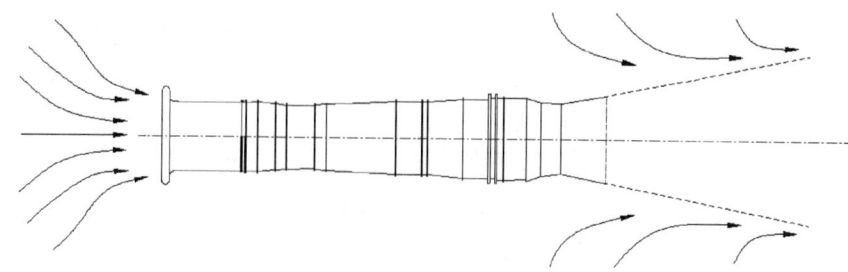

图 2.3　露天基准性能试车台发动机试车时发动机周围空气流线图

（1）航空发动机在露天基准性能试车台试车时,航空发动机从进口吸气,从喷口排气,周围气流不流动,从而保证航空发动机是在一个完全静态的空气场中,进气流场均匀,$V_0 \approx 0$,则 $F_{进冲} \approx 0$,非常接近理想的进口冲量等于零的状态;

（2）航空发动机外表面空气流速接近于静止状态,沿航空发动机轴向外部气流无动量及静压变化,$P'_{喷口} \approx P_0$,$V'_{喷口} \approx V_0$,即 $F_{阻} \approx 0$,说明航空发动机外部冷却气流速度、压力变化对航空发动机外表面产生的压差阻力和摩擦阻力约等于零。

露天基准性能试车台上测得的航空发动机推力和航空发动机静止状态下的理想推力完全一样。

综上所述,可以看出航空发动机在露天基准性能试车台上进行试车得到的推力是航空发动机的理论推力,而此即为交叉校准的理论基础。

4. 推力测量台架原理

航空发动机在试验中的推力是通过推力测量台架获得的。推力测量台架按照测量推力的不同分为常规推力台架和矢量推力台架(六分力台架)两种,常规推力台架只能测量正反轴向推力,矢量推力台架可以测量各个方向的推力。

图 2.4 为常规推力台架示意图。发动机安装在动架上,动架通过弹簧片悬挂

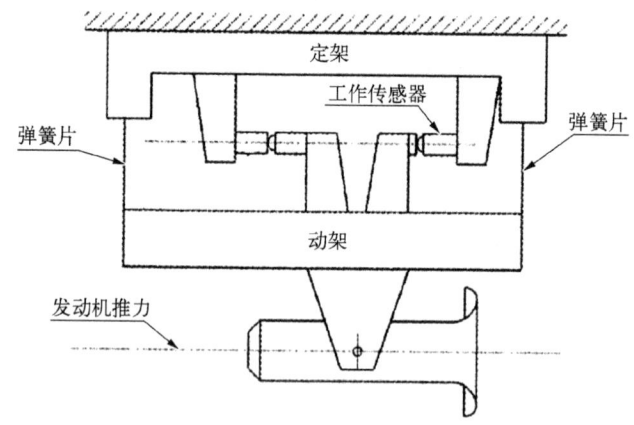

图 2.4　常规台架示意图

在定架上,定架固定在刚性巨大的基础上。试车过程中,发动机推力驱动动架将推力传递到上方与发动机平行的工作传感器上,工作传感器所感知到的即为发动机推力。特制的弹簧片通常前后各2片布置,垂直于发动机轴线,使动架只能在平行于发动机轴线方向移动,也就是常规推力台架只测量平行于发动机轴线的推力。

测量台架的校准均是采用如下的步骤进行的:首先采用配备指示器的标准力传感器对工作传感器进行标定,拟合计算出台架推力测量系统的工作曲线;其次对台架推力测量的工作曲线进行校验,记录数据,计算台架推力测量系统的不确定度;再次校验台架推力测量系统的不确定度是否满足《涡喷涡扇发动机试车台校准规范》(GJB 721-89)要求。

2.2 露天基准性能试验要求

1. 试车台要求

GJB 721-89 对露天基准试车台提出了相应要求。

(1) 露天基准性能试车台的气动性能应使航空发动机试车时实现地面静止状态。

① 试车台应选择在常年平均风速较低的地方,发动机进气方向应与常年风向一致。为了减小风向、风速的影响,在保证试车台所要求的气动性能前提下,可设置风挡。

② 试车台周围必须空旷,以保证进气无干扰,排气无阻塞。

③ 发动机安装轴线距地面应保持一定的高度,以保证试车时发动机周围无空气流动,进气不受地面的干扰。必要时设置消除地面效应装置。

④ 为保证进气均匀、不受试车台架干扰,发动机进气道应向前伸出,其位置应超过台架前缘,伸出量一般应不小于1.5倍进气道直径。

(2) 试车台位置应使发动机不受外界振动、大气污染或其他环境因素的不良影响,以防止损坏发动机或影响被试发动机性能。

(3) 进气道应经过校准,以确定总压恢复系数和流量系数。

(4) 在执行试车校准试验程序前,应由国家计量单位对露天基准性能试车台进行校准,必要时用另一个露天基准性能试车台进行相互检查。

2. 气象条件

GJB 721-89 对露天基准性能试验所需的气象条件要求如下。

1) 大气温度要求

在接近大气温度15℃的条件下,当不能满足时,大气温度差不应大于5℃或在具体校准文件中明确,并且按照 GJB 378-87《涡喷涡扇发动机性能的温度修正规范》进行温度修正。

2) 大气湿度要求

大气相对湿度应尽量接近或在具体校准文件中明确,按照 GJB 359-87《涡喷涡扇发动机性能的湿度修正规范》要求进行修正。

3) 风速、风向要求

露天基准试车台校准试车时风速不大于 2.5 m/s,逆风不得试车。

3. 数据测量精度

HB 7508-97《涡喷涡扇发动机露天基准试车台基准试车要求》中关于推力、燃油流量、压力、燃气测量温度、转数、大气温度、含湿量的精度要求如表 2.1 所示。

表 2.1 主要测量参数精度

测量参数名称	测量参数精度
推力	±0.25%
燃油流量	±0.3%
压力:气压 液压	±0.25% ±0.5%
燃气测量温度	±3℃
转数	±0.02%
大气温度	±0.5℃
含湿量	±1%

2.3　露天基准性能试验方法

1. 试验流程

承试单位组织专家对试验大纲、试验风险分析及应急预案等内容进行评审,确认试验计划能否完成规定的试验任务,评估试验运行风险。承制单位提供发动机试验风险分析报告,承试单位制定相应的试验风险应急预案,保证发动机基准试验过程中具有预防意外事故的应急措施。一旦发动机或试验设备发生故障,或出现极端天气变化,可根据所发生的故障和气象采取相应的应急措施,确保试验人员、试验设备和发动机的安全。露天基准性能试验的流程如图 2.5 所示。

2. 试验大纲

基准试验大纲主要内容应包括：编制依据，试验性质，试验目的，试验时间和地点，被试发动机技术状态，试验项目、方法及要求，测试测量要求，试验的中断处理与恢复，试验组织与分工，试验保障，试验安全，有关问题说明，试验实施网络图。

试车程序包括调整试车和基准试车。

发动机调整试车程序可参考被试发动机检验试车技术要求等要求编制，调整试车应遵循先稳态调试后过渡态调试的原则，调整试车的内容应包括：检查并调整发动机各项功能、性能使其满足型号规范要求。

发动机基准试车程序主要内容包括：操纵性检查、各状态性能点录取等。性能状态点应包括：慢车状态、最大反推力状态（被试发动机有该状态时）、75%最大连续推力状态、90%最大连续推力状态、最大连续推力状态、中间推力状态、最小加力状态（被试发动机有该状态时）、最大加力状态（被试发动机有该状态时）。性能录取时，发动机应在该状态稳定运转至少 5 分钟。

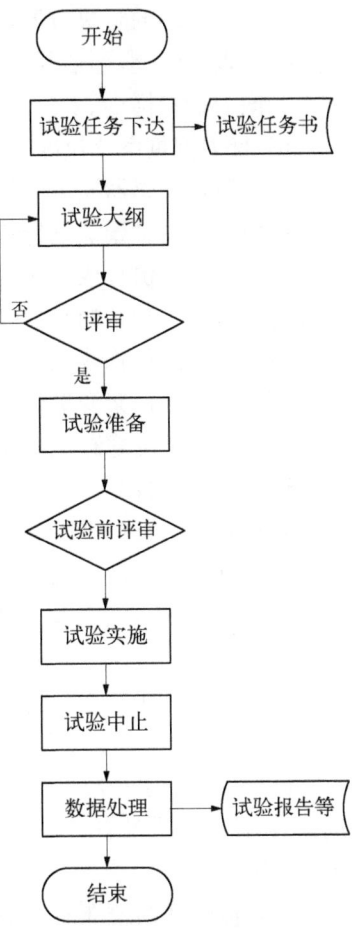

图 2.5　露天基准性能试验流程

评审、试验前评审按需开展

3. 试验准备

1）试车台测试系统校准

试车台的测试系统在试车台校准试验程序执行前均应校准，不仅要进行数据采集系统和试验测试设备实验室校准，还要进行现场校准，校准精度必须满足被试发动机性能参数测量要求。测试系统校准还应包括测试软件认证和数据处理方法认证。

根据发动机试验中测量的性能参数需求，试车台的测试系统可分为：压力测量系统、温度测量系统、发动机转速测量系统、发动机燃油流量测量系统、振动测量系统、压力脉动测量系统、环境参数测量系统、推力测量系统等。

a）标准设备

校准标准设备包括试验室和现场校准试车台测试系统的装置。标准设备可以提供名称、型号、序列号、不确定度等相关信息。标准设备与被检设备的不确定度等级比通常为 4∶1，如果测试不确定度比达不到 4∶1，应当分析测量要求，经论证后提出一个合理的解决方案。标准设备应用于现场校准时,使用环境条件与实验室环境有差别时,应评估环境差异对标准设备不确定度影响。标准设备可以明确追溯到国家计量标准。

b）推力测量系统校准

推力测量传感器安装应与发动机排气喷管保证一定的距离,避免高温热辐射而可能引起的测试误差,必要时还可以对测力传感器加装恒温装置。

应通过数值仿真或在测力台架上增加温度测点,评估校准和试验中台架温度梯度对测力结果产生的影响。

应通过数值仿真或在测力台架上安装台架加载变形位移测量传感器,评估静态校准与试车中台架变形状态不同对测力结果的影响。

台架测力系统静态校准应采用中心加载方式,如只能进行水平加载,应评估水平加载与中心加载的差异,并在测力结果中予以修正。

露天基准试车台推力测量系统的测量精度要满足试验大纲要求。

监视、记录测力传感器激励电压。

c）燃油流量测量系统校准

根据试车台燃油流量测量设备差异提出以下要求：

涡轮流量计在校准时的安装应与在试车台燃油测量系统中的安装条件一致；

使用涡轮流量计时,当校准与试验现场工况不同,应进行温度和压力修正；

使用涡轮流量计时,供油管路中建议安装在线密度计,在线密度计安装在涡轮流量计附近；如果没有安装在线密度计,燃油密度离线测量,应考虑密度的温度和压力修正；

涡轮流量计的校准曲线是流体黏度的函数,应对发动机工作时流体黏度进行工作温度和压力修正；必要时安装在线黏度计；

使用质量流量计测量燃油流量时,要满足质量流量计的安装需求,质量流量计周围没有较大的振动和电磁干扰源；

露天基准试车台燃油流量测量系统的测量精度要满足试验大纲要求；

发动机试验前,对燃油流量测量系统进行校准；

当每一路供油管路的两个流量计测量值差 0.3% 时,应查明原因；

试验用燃油取样,测量热值。

d）温度测量系统校准

发动机温度测量系统通常使用专用智能温度扫描模块,温度信号在模块中完成采集和转换；也有些试车台采用温度信号经 UTR（统一的温度参考端）后,由数据采集系统完成采集和转换。

发动机温度受感部应在热校准风洞中进行动态校准,获取修正系数。

温度补偿导线须经计量单位校准。

记录智能温度扫描模块的参数设定值。

电阻温度传感器测量时,现场对激励信号和测量通道进行校准、修正。

当使用多只温度传感器测量发动机进口温度时,各只传感器温度测量值与温度平均值差≤0.5℃。

使用UTR(统一的温度参考端)测量温度信号的系统,应检验电压温度转换软件的转换精度。

试验前对连接温度补偿导线的温度测量系统进行现场校准,精度满足基准试验要求。

对露天试车台应采取防护措施,避免太阳辐射对温度传感器的影响。

e) 发动机转速测量系统校准

发动机转速测量系统一般使用转速电机或磁电式传感器作为一次仪表,数字式电子仪表作为二次仪表,数据采集系统测量二次仪表输出信号。

转速信号传感器在发动机运转最高状态下输出信号频率较低时,二次仪表应具备倍频输出能力。

多套数据采集系统共用一路转速信号时,仪表输出转速信号需相互隔离,各数据采集系统之间不得相互干扰。

f) 空气流量测量系统校准

基准试车和校准试车所使用的空气流量测量系统应一致,并应使用同一进气道或经过校准的进气道。

测量进气道直径和圆度。

校准空气流量测量使用总压受感部。

评估露天试车台侧风对进气流量测量的影响。

g) 压力测量系统校准

试车台压力测量系统压力探针需进行动态校准,测量管路要密封打压检查,液压测量传感器的安放高度应尽量与试车的发动机安装高度一致,当使用表压测量模块时,参考端压力不受周围环境影响;试验前现场校准压力测量系统。

h) 发动机监视参数测量校准

发动机试车时的油门杆、可调静子叶片、振动、滑油压力、滑油温度、滑油消耗量等参数的测量不是试车台校准程序的组成部分,在试车时通常要监视上述参数。

i) 数据采集系统及采集软件校准

试车台数据采集系统提高了数据精度和试验效率,但如需获得可靠有效的数据,还须重视采集软件的设计。

现场校准数据采集系统各测量通道。

记录数据采集系统中信号调理设置(放大倍数、低通滤波设置等)。

确定采集软件版本,在各次试验中使用相同版本软件,如有更改应评估软件对测量结果的影响。

确定数据处理与编辑原则。

2）发动机安装

承试单位应按照被试发动机相关技术要求编制安装拆卸规程。被试发动机的安装应按照安装拆卸规程进行。为防止发动机安装偏移给推力测量造成影响,发动机安装时应保证发动机中心轴线应尽量与测力台架中心线重合。发动机中心轴线与测力台架中心线在俯仰和偏航方向的夹角不应大于0.5°。

3）发动机控制系统测量参数校准

完成发动机安装后,采用标准信号源对控制器参数采集系统进行现场校准。校准采用的信号源及校准过程应符合 GJB 5109 - 2004 装备计量保障通用要求——检测和校准。

4. 试验实施

1）调整试车

按照试验大纲中制定的试车程序,在规定的大气环境条件下,开展发动机启封、冷运转、起动调试、功能调试、性能调整等试验,试车时可依据试验现场情况,对试验程序进行适当调整。功能调试应包含被试发动机技术文件中规定的项目,功能调试结果应符合其相关技术文件的要求。性能调整试验时应兼顾过渡态及稳态性能,保证性能调整后的发动机性能参数满足其检验试车技术要求。

2）基准试车

按照试验大纲中制定的试车程序,在规定的大气环境条件下,开展发动机基准试车,试车过程中不得调整试车程序,试车至少应得到表 2.2 中规定的性能数据。按要求分别完成无飞机引气、无功率分出,无飞机引气、有功率分出和有飞机引气、有功率分出的发动机性能录取。为了校验基准试车数据,可在相同大气条件下重复进行一次基准试车。

表 2.2　发动机状态主要参数

状　　态	推力/N	转速/(r/min)	耗油率/[kg/(N·h)]	排气温度/℃	进口空气流量/(kg/s)
最大					
最小加力					
中间					
最大连续					
90%最大连续					

续 表

状　态	推力/N	转速/ (r/min)	耗油率/ [kg/(N·h)]	排气温度/ ℃	进口空气流量/ (kg/s)
75%最大连续					
最大反推力					
慢车					

必要时重复试验,以证明发动机性能以及测量系统的可重复性。

5. 试验数据处理

试验结束后,对测量采集的数据进行处理。数据处理包括数据分析和性能分析。

数据分析就是分析测量数据的可接受性。通过对比分析不同试验状态或者不同试验次数的测量数据,发现测量数据是否存在不可接受的误差。如果存在,应该对数据测量系统进行广泛的故障排查,检查传感器、信号线(如电缆、测压管等)、接头、信号调理器、数据采集系统(包括工程转换模型)等。一旦发现并纠正了测量或者计算缺陷,就必须确定是否需要重新试验。

性能分析包括:首先将试验中得到的发动机性能参数换算到标准大气条件,其次对比分析发动机性能参数,如果不同试验次数的性能参数存在明显差异,而不能通过试车台/发动机的硬件变化来解释,则可能必须进行进一步的试验。

2.4　露天基准性能试验设施

1. 试车台组成

露天基准性能试车台作为发动机露天试车台,必须具备最基本的几个组成部分,即试车台架(包括倒"L"形悬臂支架、发动机吊装系统)、高精度推力测量台架、推力校准装置、试验配套装置(包括湍流控制屏、漩涡破坏装置、工艺进气道、噪声测量系统)、工艺系统(包括燃油系统、油封系统、液压操纵系统、液压加载系统、灭火系统、氮氧系统、压缩空气系统、引气系统、抽真空系统和空气起动系统等)、电气控制系统、测试系统、通信报警及数据传输系统等。

2. 试验台架

露天基准性能试车台的台架一般为倒"L"形台架,如图2.6所示。露天基准性能试车台主要进行噪声测量、基准性能试验、反推试验等,噪声测量不仅需要开阔的空间而且要求台架的噪声反射面积尽量小,噪声测量传感器布置在从发动机入口 0°到发动机排气的 180°半圆周上,同时噪声测量所使用湍流控制屏(TCS,在噪声试验章节详细介绍)直径大,需要的安装空间大。

图 2.6　露天基准性能试验设施

3. 高精度推力测量台架

发动机基准性能试验时,对推力测量精度和稳定性要求高,目前国际上推力测量精度已达到 0.1%。

高精度推力测量台架(图 2.7)在设计、制造、安装等方面需进一步优化,主要技术特点如下。

(1) 测力单元优化。测力单元采用双向预载型式,正反推力测量时传感器都

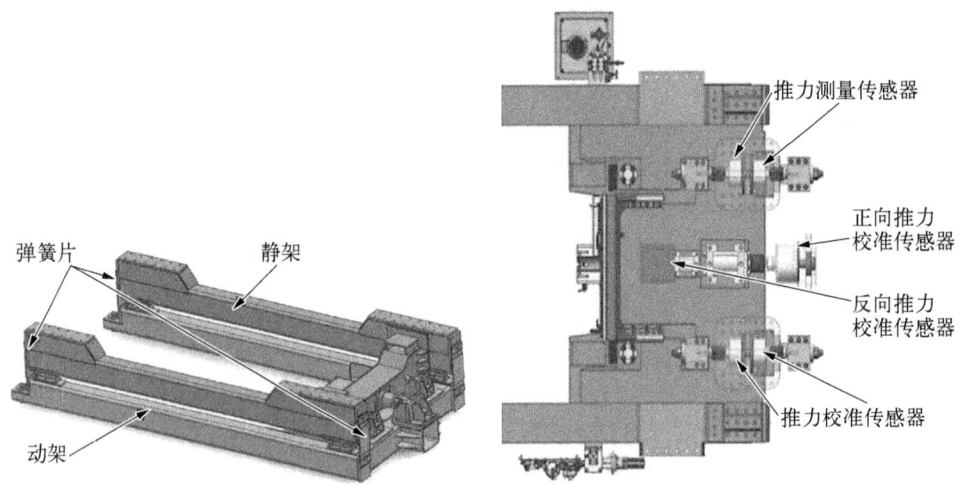

图 2.7　高精度推力台架结构示意图

一直保持受压状态,避免传感器的归零摆动误差,消除传力路径的间隙,提高测力精度。

(2)传力路径优化。优化测力装置与动、静架的连接方式,合理处理机械传力接触面,减小因安装和重复试车过程中因接触面变化对测力的影响,提高稳定性。

(3)结构优化。大幅降低动、静架受力情况下的变形,优化台架因温度变化引起的变形,弹簧片姿态变化可忽略。

(4)优化传感器温度环境。增设恒温装置,避免温度变化对测力传感器输出的影响。

4. 测量系统

发动机测量系统是控制和分析发动机试验各种信息的全部软件和硬件的组合,主要作用是获取发动机试验相关数据,为设计和验证提供参考和反馈。相较于其他领域的测量系统,发动机测量系统具有参数种类多、精度等级高、响应速度快、数据量大、数据处理过程复杂等特点,但结构和原理基本一致。

测量系统(图2.8)一般由5个基本功能单元组成。

原始敏感单元:从被测对象中吸取能量,并产生按某种规律随被测量变化而变化的输出量。

变量转换单元:将物理量转换为电量,如传感器等。

量值处理单元:将模拟量进行一定程度的处理并转换为数字量,如信号调理模块。

数据传输单元:将数字量传输给数据处理单元进行处理。

数据处理、存储、输出单元:实现数字量的处理、存储和输出等功能,如计算机或信号分析仪等。

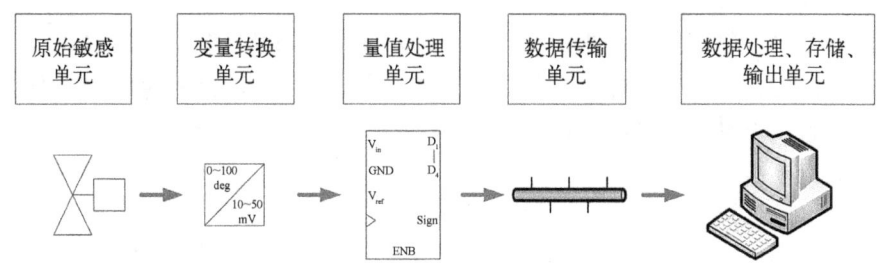

图2.8 测量系统原理图

第3章
露天排放测量试验

航空发动机通过空气在压气机中压缩、燃料在燃烧室燃烧、燃气在涡轮中做功,不仅维持本身运转,而且还产生推力(功率)。工作过程中,产生噪声,排出尾气,高温部件和高温燃气产生红外特征,这些排放,严重影响环境和武器装备生存能力。因此,需要通过排放测量,确定来源、改进设计。

在露天环境下,开展的排放测量试验主要有噪声试验和红外试验。

噪声(红外)试验,就是在特定环境条件下,在规定的方位、用专用测试设备对发动机部件、整机产生的噪声(红外特征)进行测量、分析。

本章重点论述露天环境下发动机整机噪声和红外试验的环境要求、试验方法、试验测试设备等。

3.1 噪声试验

3.1.1 发动机的噪声与危害

1. 发动机噪声的产生

航空发动机噪声按其产生机理,主要分为气动噪声和结构振动噪声两类。

(1) 航空发动机气动噪声的辐射能量十分强,是发动机辐射噪声的主要噪声源。按部件对发动机气动噪声进行分类,可分为风扇/压气机噪声、涡轮噪声、燃烧噪声、喷流噪声。

(2) 相比于气动噪声,发动机结构振动辐射的噪声量级一般较小,很容易被强大的气动噪声所淹没或掩盖。但当发动机存在某些结构振动异常时,其辐射的噪声能量也将逐渐增大,进而会导致异常噪声的产生,多年来也是飞行员、地勤人员、试车人员主观判断发动机工作状态的一种经验信息。

对于航空发动机而言,风扇/压气机噪声、喷流噪声是发动机最主要的噪声源。其中,对于涡喷发动机和中小涵道比涡扇发动机,喷流噪声为其主要噪声源,占据着绝对主导地位;对于大涵道比涡扇发动机而言,风扇噪声最大,喷流噪声次之,如图3.1所示。

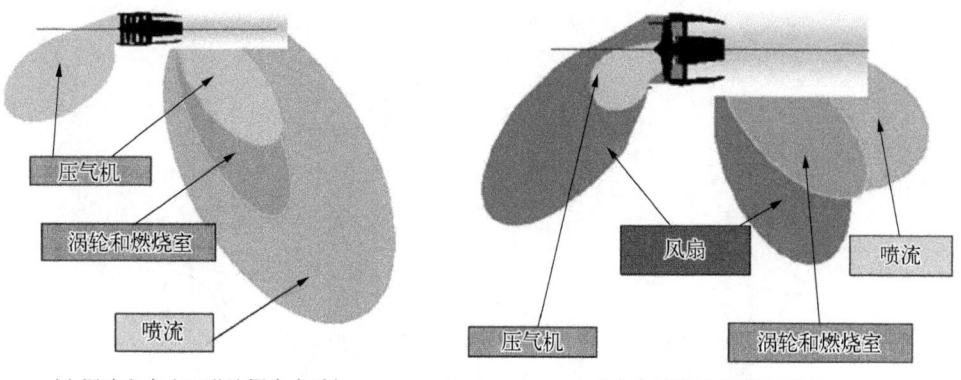

(a) 涡喷和中小涵道比涡扇发动机　　　　　　(b) 大涵道比涡扇发动机

图 3.1　航空发动机各主要噪声源的贡献量示意

风扇/压气机噪声的频率特征主要表现为纯音和宽带特性,其中纯音噪声占有主导地位,如图 3.2 所示。风扇/压气机纯音噪声产生的机理是:气流流经风扇/压气机转子、静子叶片时,会产生周期性变化的非稳态气动脉动,进而引发噪声。风扇/压气机噪声源的声功率水平与转子叶片的叶尖马赫数关系密切。

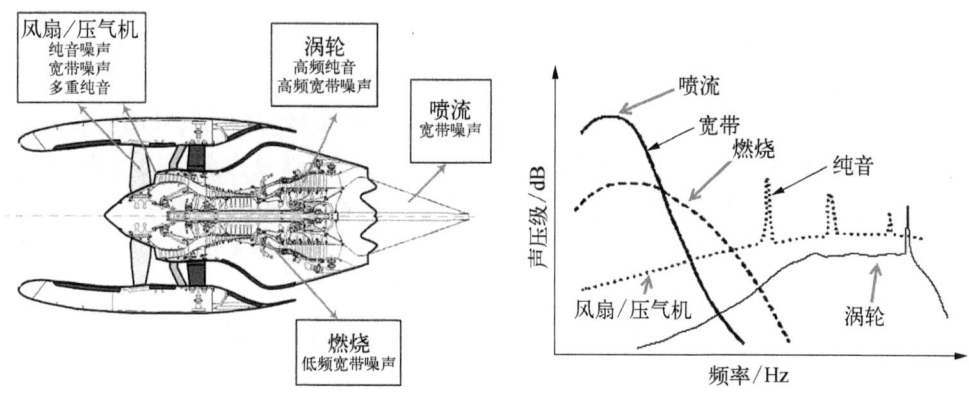

图 3.2　航空发动机各主要噪声源及其频率特性

喷流噪声的频率特征主要表现为高强的低频宽带特性,如图 3.3 所示。航空发动机产生的气流以很高的速度从喷管中喷出,与周围环境流速相对较低的大气剧烈地混合,在喷流边界层中形成强烈的湍流脉动,从而产生喷流噪声。发动机喷流中既存在大尺度湍流结构,也包含小尺度湍流结构,两者都能产生噪声,两者对喷流噪声的贡献程度主要依赖于喷流速度和喷流温度。

燃烧室噪声的频率特征表现为低频宽带特性,其来源包括:燃烧振荡噪声、燃

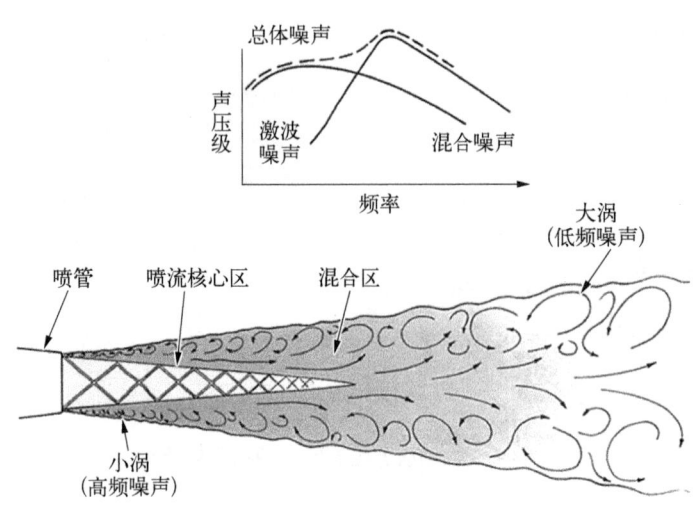

图 3.3 喷流噪声产生机理

烧轰鸣、不稳定燃烧噪声以及周期流动现象的燃烧加强噪声。燃烧噪声与空气流量、油气比、进口气流压力与温度、进口湍流强度、燃烧室的温升以及燃烧室几何参数等有关。

涡轮噪声与风扇/压气机噪声相似,频率特征主要表现为纯音和宽带特性,其中纯音噪声占有主导地位。

2. 发动机噪声的危害

航空发动机噪声产生的危害主要有:① 对发动机本身构件及其气动特性的危害,将主要影响发动机结构以及气动稳定性问题,其研究涉及声载荷的特征、传输特性、声气固耦合机制以及疲劳破坏等方面内容;② 对人和环境的危害,主要是从航空发动机适航性、声隐身性的要求而言,其研究内容主要涉及声源特性、传播特性和抑制技术等方面的研究。

对于民机而言,噪声水平已成为民用飞机的强制性适航指标。图 3.4 为美国联邦航空管理局(FAA)适航条例噪声标准,可以看出飞机有效感觉声压级随飞机阶段性发展而不断降低,随着环境保护要求越来越严格,噪声适航标准不断提高。越加苛刻的噪声适航要求在给航空工业带来冲击的同时,也成为促进低噪声技术研究的推动力。为此,欧美各大飞机与航空发动机制造商以及相关科研机构开展了一系列降噪研究计划。如美国国家航空航天局(National Aeronautics and Space Administration,NASA)于 1992 年启动了先进亚声速技术大型研究计划,目标之一就是把民用飞机的噪声水平相对于 1992 年降低 10 dB。欧盟也开展了一系列针对性的飞机降噪大型研究计划。

对于军机而言,首先需要保证的是发动机的性能水平,而噪声水平则处于次要

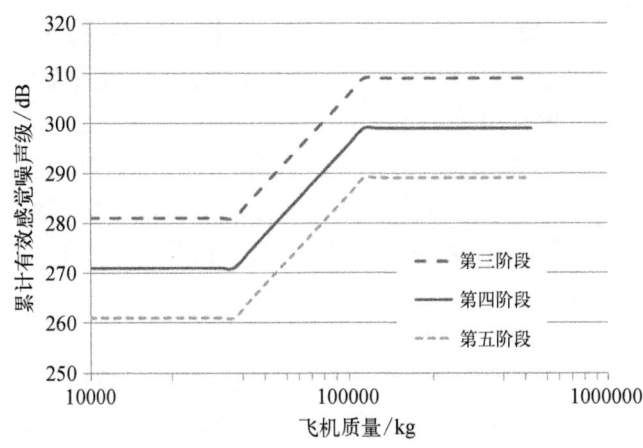

图 3.4　FAA 认证适航条例噪声标准

地位,以避免对噪声水平的限制约束了发动机性能的提升。虽然没有规定特定的噪声限制值,但发动机噪声限制值应考虑对机组人员工作环境及人员健康的影响、对发动机本体各部件(图 3.5)、飞机机体各构件结构可靠性、稳定性的影响,更重要的是对战斗机噪声可检测特征即声隐身特性的影响,避免被威胁性武器检测到,保障军用武器装备的生存力。除此之外,还要求军用大型运输机应满足 CCAR-36 的飞行噪声要求,只有在确认符合这些条例将影响任务成功时,运输机才免于遵循 CCAR-36。

 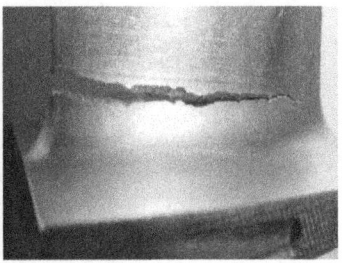

图 3.5　发动机噪声过大导致的结构损伤

3.1.2　发动机噪声试验原理及类型

航空发动机噪声试验目的主要包括以下三类:① 获取发动机噪声辐射水平,为发动机、飞机的适航噪声预测和评估提供支持;② 获取发动机风扇、喷管等部件的噪声载荷,为飞机、发动机的构件的抗疲劳设计提供载荷;③ 验证降噪措施。

发动机噪声试验的基本原理是:在地面试验条件下,遵守声学相似性原理、点声源远场辐射原理,建立整机或部件在高空飞行状态下的进气条件、声学辐射条件等模拟环境,进而获取模型级、部件级以及整机气动和声学特性。具体途径为:① 依据气动相似理论,将整机或部件运转到典型工况;② 同时,在整机或部件进口处加装进气湍流控制装置,消除地面效应导致的进气不均匀及其诱发的二次噪声影响,模拟高空无湍流的均匀进气环境;③ 依据气动声学相似理论和点声源远场辐射理论,布置噪声测试位置,获取整机或部件典型工况下噪声特性;④ 进行气动、温度、流量、压力、振动、转速、扭矩等专业测试,实现整机或部件气动和声学特性的定量测试和评价。

发动机噪声试验根据被试件的结构和尺寸,主要划分为机理级试验、部件级试验以及整机级试验三种类型。机理级试验主要进行基础性或前沿技术研究,主要包括发动机噪声相关试验技术研发及主/被动噪声控制技术的科研试验研究;部件级试验以各工程单位为核心,主要进行发动机工程级部件的噪声特征获取、噪声水平评估及噪声主/被动控制技术的工程级应用考核;整机级试验主要开展发动机声载荷测试、噪声水平评估及适航标准要求开展的发动机噪声定型考核等。图 3.6 为国外发动机噪声试验验证体系。

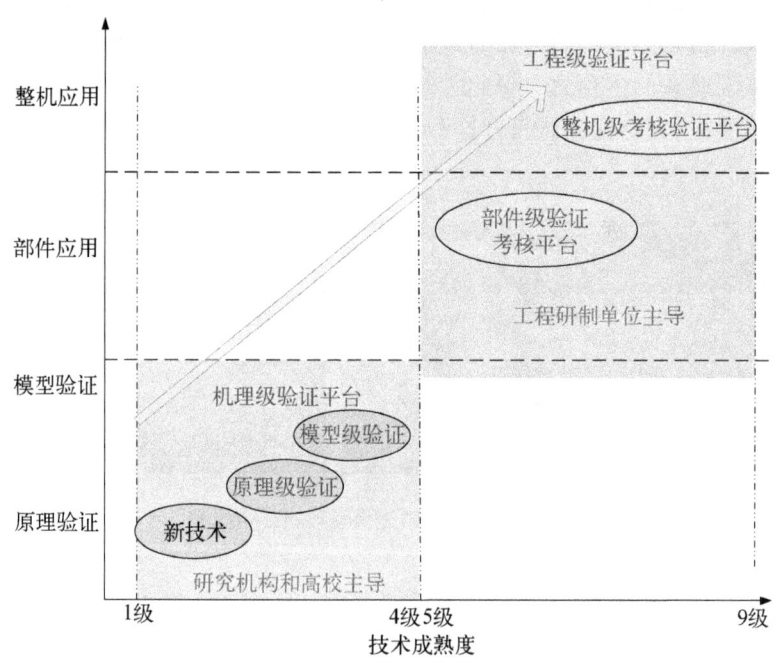

图 3.6　发动机噪声验证体系

因机理级试验及部件试验目前无通用适行的标准规范,往往根据各研究机构所需个性化开展,因此本书不做过多介绍,下面仅着重对国内外标准中相对一致的发动机整机噪声试验相关内容进行介绍。

3.1.3 发动机噪声试验要求

1. 试验标准规范要求

国内外相关研究机构形成了多个针对民用发动机及军用发动机的噪声适航试验评估标准,其中包括国际民用航空组织发布的 ICAO 9501-2004、美国颁布的 SAE 1846、MIL-HDBK-1783B、JSSG-2007A 及我国民用航空局颁布的 CCAR-25-R4《运输类飞机适航标准》和 GJB 241A-2010《航空涡轮喷气和涡轮风扇发动机通用规范》等标准规范。上述标准规范中,对发动机露天噪声适航试验的试验台架、试验环境、关键试验设备、试验测试系统、标定校准系统、试验流程、试验数据处理方法、试验结果形式等方面提出了基本要求。后文将对发动机露天噪声试验的各方面要求进行详细阐述。

2. 试验台架要求

(1) 发动机噪声试验理论上应在自由场条件下进行,考虑工程可实现性故常在半自由场条件下的露天试车台或其他条件下进行测试。

(2) 在半自由场条件下的露天试车台上开展试验时,需将发动机安装在室外试车台上,其最低处的零件与地面之间的最小距离为 2.5 m,发动机的吊装或支撑结构应首选对噪声产生和传播产生影响最小的结构形式。吊装或支撑结构不能影响发动机进气而产生气流畸变,进而影响发动机噪声,同时发动机排气也不能对试车台的结构产生影响。

(3) 发动机中心线到地面的距离应大于转子叶片直径的 1.5 倍。如果发动机的中心线距离地面接近转子叶片直径的 1.5 倍,就应该进行评估,以确定进气畸变或排气对地面的冲击是否对噪声的测量产生影响。

(4) 台架外的测试场地应满足声学半自由场条件,以保证试验场地对发动机噪声产生过程的影响可以忽略不计,而且除了地面效应外,地面上应没有对发动机噪声场产生重大影响的障碍物,保证试验场地对发动机到传声器的声传播的影响也可以忽略。

3. 试验环境要求

露天发动机试车台所在的地区应能较长时间处于低背景噪声、低风速、温度适宜及少量降水的环境中(需根据年平均数判断)。当气象条件在噪声测量系统可正常工作的极限条件以内时,进行试验。在采集分析用的噪声数据期间,一般应满足以下气象条件:

(1) 无露水、霜、雪、冰、冰雹等任何形式的降水;

(2) 环境温度 0~30℃;

(3) 相对湿度 30%~90%;

(4) 发动机噪声在所有 1/3 倍频程范围内,至少比背景噪声级大 10 dB;

(5) 不应超过表 3.1 中规定的风速限制。

表 3.1　风速限制值

量	限制值
平均风速	6.2 m/s
平均侧风速度分量	2.8 m/s
最大风速	7.7 m/s
最大侧风速度分量	5.1 m/s

4. 标定校准要求

（1）现场声学校准器：声学校准器应产生频率为 250 Hz 或 1 000 Hz 的正弦信号，频率误差小于±5%。声学校准器能够考虑现场气压、温度变化对声压级的影响。

（2）能够产生粉红噪声频谱信号发生器或产生等幅正弦信号的信号发生器，并配有功率放大器与声源，发出的声音强度须在 1/3 倍频程范围内均大于背景噪声。

（3）应使用校准数据来确定数据采集系统的每个通道在试验周期内是稳定的、可靠的。

（4）传声器及现场校准装置均在有效的检定周期之内(其中,传声器检定周期不能短于 1 年)。

（5）试验前在每个 1/3 倍频程段，对每个噪声数据通道进行现场校准，与校准声压级相差不应超过 0.5 dB。

（6）使用的声学校准仪器应具有一级精度等级。

3.1.4　发动机噪声试验流程

发动机噪声试验流程可分下述 6 个过程。

1. 试验准备

发动机噪声试验准备内容主要依据国军标、适航标准、型号规范要求等进行确定，试验准备内容的确定也应充分考虑噪声设备能否实现其要求。其中，噪声试验设备的选择需依据上述相关标准规范中给出的试验测试方案、校准及修正要求等进行选取，并在噪声试验设备调试时，对上述噪声试验点和试验方案开展调试验证，保证设备性能符合要求。

2. 发动机状态要求

对于军用发动机而言，应完成的噪声试验内容有：

（1）所有推力状态下，完成近场声载荷测试、远场测试；

（2）仅在最大推力状态和最大连续推力状态下，完成倍频程的近场声载荷分布分析(中心频率为 250 Hz、500 Hz 和 1 000 Hz)；

（3）在所有推力状态下，完成远场总感觉噪声级分布分析；

（4）在最大推力状态下，完成总声功率分析；

（5）按用户需求完成其他测试分析；

（6）为了准确地测量噪声量值随推力变化的形状，建议试验状态的噪声量值为 10~15 个。试验状态应包括建议运行范围内的所有发动机功率状态，且增量应相对较小。考虑气象条件变化的影响，在功率逐步增加到起飞功率后，建议在功率减少的过程中也同时记录噪声数据。

对于民用发动机而言：

（1）在典型转速状态下完成噪声测试分析；

（2）在对应于飞机起飞、巡航、飞越、进场、边线等典型状态的发动机工况下，完成 1/3 倍频程中心频率下的声压级、声功率级、感觉噪声级、有效感觉噪声级等分析；

（3）按用户需求完成其他测试分析。

3. 试验设备参数初步设定

进行发动机噪声试验时，发动机需要在短时间内形成标准规范要求的气动条件参数，一方面是保证噪声试验的准确性，同时也为减小发动机等待时间，减小试验成本。为实现上述目标，在发动机调试阶段，根据噪声试验程序、发动机状态等要求，可初步确定其在试验状态点的运行参数，运行参数的设定方法需要得到试验验证及用户的认可，试验状态点的运行参数的初步设定在一定程度上可提高试验效率。

4. 噪声测点布置

1）远场噪声测点布置要求

（1）远场噪声测试基准点应根据发动机主要噪声源位置进行选取，通常可选择为风扇进口面、主喷管出口面、发动机几何中心、台架吊架中心等位置。基准点的选择应接近或位于试验发动机的主要噪声源位置。

（2）距离要求：远场传声器须放置在距离发动机足够远的位置，达到声学远场条件，对于带有加力的军用发动机，推荐远场传声器到基准点的距离为 75 m；对于军用运输类发动机和民用发动机，远场传声器到基准点的距离推荐为 45 m；而对于小型发动机，远场传声器到基准点的距离可减少至 30 m。

（3）角度要求：以发动机中心线为基准线，在 10°（发动机进气方向）~160°（发动机排气方向）范围内，均匀放置传声器，传声器间的角度间隔不应超过 10°，推荐角度间隔为 5°。

（4）高度要求：远场传声器采用近地面安装方式，使得在测试频率范围内入射声波和地面反射声波基本同相，没有频谱干扰效应。如因特殊情况，远场传声器不能采用近地面安装，只能采用远离地面的支架安装时，此时应提供地面反射处理方法和试验证据,以证明可消除发动机直接辐射声波与地面反射声波干涉而导致的低频频谱不规则,获得无干扰效应的声压级频谱数据。

2) 声模态测点布置要求

可以采用周向、轴向、径向或多种组合形状的麦克风阵列进行发动机风扇进、出口声模态测点布置。

(1) 只进行周向声模态测试。

测点布置推荐采用按管道均匀角度间隔的布置形式,如因空间干涉等问题导致传感器不能实现均匀角度间隔布置时,也可采用非均匀角度间隔布置的方式,但需采用非均布声模态分析方法完成数据分析。

(2) 同时进行周向、径向声模态测试。

主要包含以下3种测试方式。

第一种方式采用多只传声器耙,沿周向和径向不同位置布置传声器测试声场信息,给出周向和径向声模态。该种测试方案对发动机气动特性影响较大,并会诱发较大二次声源,尤其是被测声模态阶次较高,采用多只传声器耙的时候影响更大,一般不推荐采用。

第二种方式采用单只旋转传声器耙,沿周向和径向不同位置布置传声器测试声场信息,给出周向和径向声模态。该种测试方案中因旋转耙相对发动机产生相对运动,需在结果分析中给出声学多普勒频移、声学耙测试诱发二次噪声等的影响修正。

第三种方式采用多圈、沿轴向布置的周向传声器阵列,沿周向和轴向不同位置布置传声器测试声场信息,给出周向和径向声模态。

(3) 声模态测试传声器安装要求。

使用同型号传声器固定安装在管道壁上,传感器与管道壁面齐平安装,其安装孔的直径应远小于 c_0/f,其中 c_0 为声速,f 为声模态分析频率。

3) 近场噪声测点布置要求

试验时,如需关注发动机近场声载荷及其分布时,可采用等间距或非等间距的线形、圆弧形或螺旋形等麦克风阵列完成发动机附近声载荷分布的测试。可以通过阵列测试获取发动机中心线高度上或关注区域人耳高度处的声载荷分布,以线形阵列为例,一般传声器阵列应距发动机中心线 $5\sim20$ m,至少能够给出发动机进/出口范围内的声载荷分布,推荐给出发动机附近声场分布的区域范围至少涵盖如下区域 -20 m $\leqslant x \leqslant 20$ m,$0 \leqslant y \leqslant 20$ m。

4) 气象测点布置要求

a) 风速和风向

在发动机中心线高度上对风速和风向进行测量。传感器需通过支撑杆安装于地面上,其安装地面应与远场传感器安装地面相同。如不同,则应在试验前后测量两处位置的温度梯度(地面至发动机中心轴线高度位置),并进行温度梯度影响修正。

风速、风向传感器应位于发动机进气方向的 0°~90°范围内,不应受到发动机进气和排气的影响;传感器应与远场传声器相对距离较近,但不应对远场传声器的测试产生影响,推荐传感器到基准点距离应比远场传声器到基准点的距离大至少 2 m。

b) 温度测量

应在发动机中心线高度上对环境空气温度进行测量。若采用近地面安装的远场传声器安装方式,则还需对距地平面 5 mm 高度(传声器膜片高度左右)的空气进行温度测量,且与发动机中心轴线高度的温度传感器位置相同。

c) 大气压力测量

可在场地内对环境大气压力进行测量。

d) 湿度测量

在 1/2~1 倍发动机中线高度范围内进行相对湿度测量。

5. 试验实施

在满足上述各项要求的条件下,开展试验工作。试验实施过程中,根据实时监控的气动条件参数进行发动机运行状态的修正,以确保发动机气动条件参数符合要求。

发动机的运行状态控制及运行参数采集由试车台架完成;噪声试验设备的运行状态控制及运行参数采集由设备自身完成,试验过程中须确保两者运行状态的匹配性。

在发动机噪声试验过程中,须全程监控和录取发动机气动参数、噪声参数和气象参数数据,及时确认试验参数的准确性,以确保噪声试验的有效性。

6. 噪声试验数据处理

(1) 对于每个试验状态,噪声评定量值应以时间平均的 1/3 倍频带声压级(修正到基准大气条件的)计算,测试结果基于试车过程中温湿度、大气压力的变化进行修正。所有试验状态下获得数据点,应有 90% 落在回归平均线的 ±1 dB 范围之内。例如,进行两次试验,每次试验运行中有 15 个试验状态,那么应有 27 个数据点在回归平均线的 ±1 dB 范围之内。以此评价试验的有效性。

(2) 完成发动机在不同转速下的模态结果解析,完成对声衬降噪效果的评估。

(3) 完成发动机在不同状态下的声功率测试。考虑结构和气动参数对总声功率进行无量纲和 A 计权处理,可对各种发动机产生的噪声和通过各种噪声控制措施获得的降噪量进行等级评定。

(4) 完成声场分布分析。在发动机全部工作状态下,利用发动机近场、远场噪声等场强线图,可以评价发动机噪声在远场和近场分布的幅值和指向性特征。

(5) 完成发动机噪声远场声压级及其指向性分析。在远场条件下完成声压级和指向性测试是发动机适航噪声审定必须提供的噪声数据。

3.1.5 发动机噪声试验设备

开展发动机噪声试验的露天试验设施主要由整机试车台、声学测试场地（半自由场）、湍流控制屏、声学测试系统、气象测试系统等组成。下面主要介绍测试场地、湍流控制屏和声学测试系统、气象测试系统等。

1. 声学测试场地

为发动机噪声试验营造的露天试验场地需满足半自由场条件和远场噪声测点布置要求等。如果远场噪声测点半径为 75 m，可参考以下要求建设声学测试场地：

（1）以发动机远场噪声测试基准点为圆心，以发动机顺航向为 0°，逆航向为 180°，建设半径不少于 85 m 的半圆形测试场地；

（2）半径 85 m 的测试场地范围内，沿半径方向的场地坡度不大于千分之三；

（3）85 m 范围内的场地不具有能够导致声音聚集、扩散、积水的波状曲线；

（4）85 m 范围内应采用颜色浅的地面（如浅色水泥地面），以尽量减少地面附近产生较大的温度梯度，同时地面的防裂伸缩缝宽度不大于 20 mm；

（5）85 m 范围内地面应均匀平滑且坚硬，以便在整个噪声频率范围（50 Hz~10 kHz）内具有全反射的近似效果；

（6）在距远场噪声测试基准点距离 75 m 的各测点位置周围（2 m×2 m 范围内）需采用更加光滑的地面，地面的平整度不低于 2 mm，该 2 m×2 m 的范围内，不能有防裂伸缩缝；

（7）距远场噪声测试基准点 85~130 m 范围（与测试场地同向）的场地周围没有影响远场声压测量的建筑物和其他障碍物，最大坡度不能大于 1°。

2. 湍流控制屏

在地面进行噪声试验测试过程时，会由于地面效应、支撑结构等引发异常进气畸变，导致与飞行时的进气状态不同，进而产生出"虚假"的转静干涉噪声，使得获取的噪声数据与飞行状态的噪声数据不一致。在某些情况下，这些"虚假"转静干涉噪声可影响风扇噪声增加 5~10 dB 甚至更大。因此，应该使用进气流控制装置（turbulence control screen, TCS）来消除这部分进气畸变，模拟飞行状态下的真实进气条件，进而准确获取发动机噪声特性，湍流控制屏实物如图 3.7 所示。TCS 主体结构主要由单元体和肋板构成，单元体结构形式为穿孔板和蜂窝组合结构，最终，保证进气湍流度大幅降低，同时，保证不会对发动机噪声的传播产生较大影响，如图 3.8 所示。

TCS 在地面试车使用过程中应满足以下要求：

（1）TCS 的直径应大约为发动机进口直径的 3 倍或更大；

（2）TCS 应具有良好的透声特性，对噪声传播的影响可忽略，同时对发动机产生噪声的指向性不能产生任何影响；

（3）TCS 安装在发动机整机上不会产生过大的压力损失；

图 3.7　湍流控制装屏

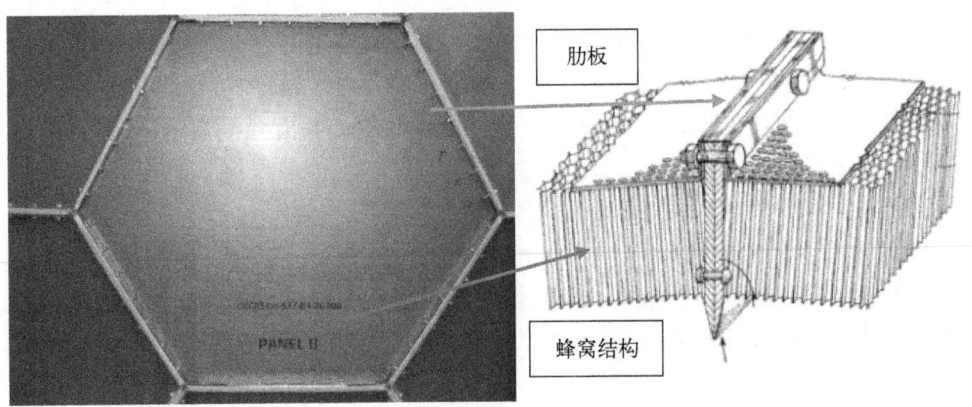

图 3.8　湍流控制局部结构示意图

（4）TCS 安装的支撑结构最好独立于发动机支撑结构，两者不产生交叉；

（5）TCS 必须使用标准方法进行声学校准，以确定其对每个 1/3 倍频带噪声传播的影响；

（6）使用 TCS 进行噪声测试后，必须对测量得到的数据在 1/3 倍频程上进行修正；

（7）必须确定 TCS 与进气喇叭口的位置，并对该位置进行校准；

（8）若 2 台同型号的整机试验件需进行噪声试验测试比对，则保障相同安装状态的前提下，无须对 TCS 进行重复校准；

（9）建议 TCS 最大的声学插入损失应满足：±1 dB,500～2 000 Hz；±2 dB,

2 000~8 000 Hz。

3. 声学测试系统

噪声测试系统主要由噪声数据采集分析仪和传声器两部分组成,在露天环境下,噪声测试系统应具有良好的环境适应性,具备在不同温湿度条件下稳定工作能力,同时,应满足远距离数据传输和同步的能力,确保发动机远场噪声数据、近场噪声数据和管道模态噪声数据能够实时同步测试与分析,具体的指标性要求如下:

(1) 数据采集系统(除传声器)在测试频响范围内的幅值测试误差应小于 ±0.5 dB;

(2) 数据采集系统本机噪声不应超过 40 dB;

(3) 数据采集系统的最大分析带宽不应低于 20 kHz,最大采样频率不得低于 50 kHz;

(4) 动态范围至少为 55 dB;

(5) 数据采集系统的幅值分辨精度至少为 0.25 dB;

(6) 数采系统(含放大器和传感器)应使用正弦信号或宽带信号进行频率和振幅的校准,校准频率范围应覆盖被测频率范围,校准幅值应涵盖传声器的信号范围;

(7) 传声器在 20 Hz~10 kHz 或更广的频率范围上具有最平坦的频响特性,声音以任意角度入射或 0° 入射(垂直入射)到受感部时,传声器应具有高灵敏度、低电子噪声的特性,达到高信噪比的要求。

4. 气象测试系统

气象测量系统需完成温度、湿度、大气压力、风速、风向的测试,并提供平均风速、平均侧风分量、最大风速、最大侧风分量的测试数据。各参数测量精度应不低于表 3.2 所述精度。

表 3.2 气象参数各系统测量精度

序号	参数系统名称	精度要求
1	环境湿度测量系统	±3%
2	环境温度测量系统(带防辐射通风罩)	±0.5℃
3	风速测量系统	超过 0.3 m/s 时,±0.6 m/s
4	风向测量传感器	±5°
5	大气压力测量系统	±0.5 kPa

3.2 红外试验

红外测试技术的研究起源于1800年红外辐射现象的发现,二战后大量军用研究项目促进了红外测试技术的发展。20世纪70年代,由于红外探测与制导技术的突破,红外技术在军用领域得到大规模应用,从而带动了红外测试技术的广泛研究和快速发展。有数据表明,在20世纪80年代发生的几次空战中,红外制导武器击落的飞机占被导弹击落飞机总数的70%~80%,在近些年发生的几次较大的局部冲突中,占比更是高达90%。目前在各国所使用的探测器中,红外探测器约占30%,在各种战术导弹中至少60%采用了红外制导,因此飞机的红外隐身能力直接决定其战场生存力。飞机红外辐射的主要来源是飞机蒙皮和发动机排气系统(包括喷口和尾喷流,如图3.9所示),若飞行马赫数不高(一般小于1.2),则飞机蒙皮的红外辐射可以不考虑。因此,研究发动机红外特征,发展红外隐身技术,是实现飞机隐身提高生存力的必然选择。

图3.9 发动机排气系统的红外辐射

航空发动机红外辐射的研究方法主要有仿真计算和测试试验。仿真计算在场地和成本方面具有优势,但其正确性和有效性取决于仿真模型的精度和适应范围。红外测试试验利用经过标定的红外辐射测量设备对目标进行辐射测量,是获取目标真实辐射特性的唯一手段。通过试验,获得发动机排气系统的红外特性、研究不同红外隐身措施对排气系统的抑制效果,为航空发动机红外隐身设计和改进提供强大的数据保障。红外试验的主要目的是通过测量航空发动机整机及部件、模型等的红外光谱分布特性和空间分布特性,获取不同红外抑制措施的实际效果,为隐身材料选型、隐身结构优化、隐身方案评估以及型号性能鉴定等工作提供数据支持。

3.2.1 发动机红外特征的测量

自然界一切温度高于绝对零度的物体都会向外辐射红外线,而且这种辐射都会载有物体的特征信息,这就为探测和目标识别提供了客观基础。

红外辐射通常指波长为 $0.75\sim1\,000\,\mu m$ 的电磁波,红外波段的短波端与可见光红光相邻,长波端与微波相接。红外与电磁频谱的其他波段一样以光速传播,遵守同样的反射、折射、衍射和偏振等定律。彼此差别只是波长、频率不同而已。根据红外辐射在大气层中传输特性的不同,一般将红外辐射分为四个波段,具体划分见表3.3。

表 3.3 红外辐射谱段划分表

谱　　段	波长范围/μm
近红外/短波红外	0.75~3
中红外/中波红外	3~6
远红外/长波红外/热红外	6~15
极远红外	15~1 000

红外波段 $3\sim5\,\mu m$、$8\sim14\,\mu m$ 在大气中红外辐射能量被吸收得少,成为红外探测的主要波段范围。

1. 发动机的红外辐射特征

飞机的红外辐射源一般由发动机后腔体(一般包括低压涡轮、加力燃烧室以及喷管)、高温喷流和飞机蒙皮组成,其中气动加热引起的飞机蒙皮红外辐射主要与飞行马赫数有关,若飞行马赫数不高(一般小于1.2),则飞机蒙皮的红外辐射可以不考虑。目前针对飞机的红外探测系统使用的探测波段集中在 $3\sim5\,\mu m$ 和 $8\sim14\,\mu m$ 两个波段,其中 $3\sim5\,\mu m$ 波段主要对发动机后腔体和高温喷流进行探测,$8\sim14\,\mu m$ 波段主要对发动机后腔体和飞机蒙皮进行探测。发动机后向的红外辐射强度较大,且呈现方位特性。发动机后腔体中的各个热端部件对发动机红外辐射强度的贡献与探测方位有关,分布的典型特征如图 3.10 所示。

发动机后腔体的热端部件具有连续的光谱辐射,在 $3\sim5\,\mu m$ 波段和 $8\sim14\,\mu m$ 波段均有较强的红外辐射,其中 $3\sim5\,\mu m$ 波段辐射的贡献占绝大多数。在非加力

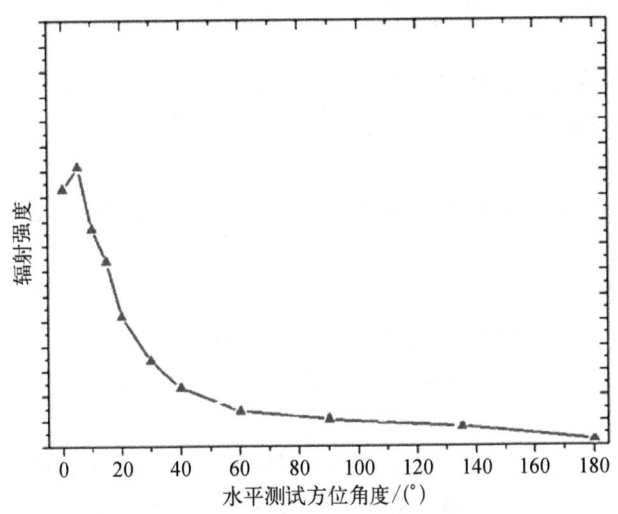

图 3.10 发动机后向的红外辐射强度典型分布特性

状态下发动机后腔体的红外辐射远大于发动机喷流,辐射范围在飞机的后半球,决定发动机后腔体红外辐射的主要因素有热端部件壁面的温度、面积、发射率、反射率等。

发动机喷流的红外辐射集中在 $3\sim5~\mu m$ 探测波段,决定其红外辐射的主要因素有喷流流量、静温、碳烟颗粒浓度等,降低喷流的静温,减小高温核心区的尺度以及减小喷流中二氧化碳、水蒸气和碳烟颗粒的浓度,均会降低喷流的红外辐射,其中喷流在 $3\sim5~\mu m$ 波段的红外辐射强度一般与喷流静温相关。在发动机非加力状态,喷流的红外辐射虽然仅占发动机总辐射的 10% 左右,但其辐射范围可以扩展到飞机的前半球,为此需要对其红外辐射进行抑制;在发动机加力状态,喷流的长度长、静温高,其红外辐射急剧增大,远远超过发动机后腔体而成为发动机红外辐射的主体,为此更需要对其红外辐射进行抑制。需要说明的是,发动机喷流在加力状态的红外辐射因为过大而难以抑制,为此发动机的红外隐身主要针对的是发动机非加力状态。

发动机红外特征指标要素主要包括:发动机位置信息、状态信息、环境信息、带通条件和辐射特征值等。

1) 位置信息

位置信息主要规定发动机红外观测的方位角、俯仰角以及前后向等,通常把发动机后部中心线的延长线定义为 0°方位角和 0°俯仰角。

2) 状态信息

状态信息主要规定发动机工作参数,例如工作状态,包含最大、中间和最大连续状态等,工作高度,包含海平面、11 km 和升限等。

3) 环境信息

环境信息包含影响发动机红外辐射特征的大气条件,诸如环境温度、湿度、压力、气象范围、太阳位置等。

4) 带通条件

带通条件规定发动机红外辐射光谱范围,例如常用的是 $3\sim5~\mu m$ 和 $8\sim14~\mu m$ 两个大气窗口。

5) 红外辐射特征值

红外辐射特征值规定发动机在特定的方位角、俯仰角、红外辐射带通、高度以及发动机状态条件下的最大红外辐射强度,是发动机红外辐射定量指标。

2. 红外辐射测量

红外辐射测量需采用相应的探测器,红外探测器是一种辐射能转换器,主要用于将接收到的红外辐射能转换为便于测量或观察的电能、热能等其他形式的能量。根据能量转换方式,红外探测器可分为热探测器和光子探测器两大类。热探测器的工作机理是基于入射辐射的热效应引起探测器某一电特性的变化,其响应正比于所吸收的能量。光子探测器是基于入射光子流与探测材料相互作用产生的光电效应,具体表现为探测器响应元自由载流子(即电子和/或空穴)数目的变化。由于这种变化是由入射光子数的变化引起的,光子探测器的响应正比于吸收的光子数。

物体的发射、吸收、反射和投射特性的测量,需要的仪器种类繁多。发动机红外特征测量的仪器主要如下。

单色仪:利用分光元件(棱镜或光栅)从复杂辐射中获得紫外、可见和红外光谱且具有一定单色程度光束的仪器。单色仪可用于物体的发射、吸收、反射和投射特性的分光辐射测量和光谱研究,也可以用于各种探测器的光谱响应测量。其可与其他系统组合,构成各种光谱测量仪器,如红外光谱辐射计和红外分光光度计等。

辐射计:在宽光谱区间测量辐射通量(辐射照度)的装置。辐射照度是辐射计测量的一个基本参量,其他的辐射量,如辐射通量、辐射强度和辐射亮度等,均由测量的照度值计算得到。

光谱辐射计:在窄光谱区间测量光谱辐射通量的装置,主要由产生窄谱带辐射的单色仪和测量此辐射通量的辐射计组成。

红外分光光度计(红外光谱仪):进行红外光谱测量的基本设备,主要用以测量材料光谱反射率或光谱透过率,由辐射源、单色仪、探测器、电子放大器和自动记录系统等组成。

傅里叶变换红外光谱仪:由迈克尔逊干涉仪和计算机组成,可测试光源强度按频率的分布信息。

积分球：并非单独的测量设备，常和光源、探测器组合，作为理想漫射光源和匀光器。

3. 影响发动机红外辐射测量的主要因素

1）背景辐射

背景辐射是一个红外系统必然会接收到的辐射，背景辐射在探测器上形成的辐照度有时会比目标形成的辐照度高好几个数量级，且变化复杂，因而背景辐射对研究红外辐射具有十分重要的意义。

a）天空背景

天空背景可以分为晴空和有云两种情况。在晴空条件下天空向下的辐射主要由气体分子及气溶胶粒子对太阳的散射和大气分子的辐射；在有云条件下，主要考虑云对阳光的散射和云本身的辐射。试验和理论计算表明，对阳光的散射主要分布在波长小于 $3\ \mu m$ 的范围内；对大气的辐射由于大气本身温度较低，一般有效温度在 $200\sim300\ K$ 内，在小于 $4\ \mu m$ 波长范围内辐射量很小。天空辐射是上述两种辐射的叠加。

b）地面背景

地面背景辐射主要由两种机理产生，一是反射的阳光辐射，其中包括天空散射的阳光辐射，主要仅分布在红外区，即小于 $3\ \mu m$ 的区域；二是地球本身的辐射，主要分布在 $4\ \mu m$ 以上的区域。地面本身的辐射可粗略考虑为一个温度为 $280\ K$ 的黑体辐射，但它受各地区地面温度的影响较大。

c）水面背景

许多测量光谱曲线表明，水面辐射与黑体辐射相差不远。水面对阳光的散射主要集中在短波部分，且波浪大小对散射的辐射亮度影响较大。

总之，由于发动机使用环境主要是飞机，因此背景辐射应该重点考虑天空辐射，而通常发动机的红外辐射强度量级相对于天空辐射要大得多，因此工程中往往在精确度要求不高时可以忽略天空辐射。

2）大气吸收

由于大气中的 CO_2、H_2O、N_2O、CH_4、CO 等气体分子对红外辐射具有吸收作用，因而发动机发出的红外辐射能力在大气的传输过程中会产生衰减，从而减少了红外探测器实际接收到的能量，进而影响红外探测距离。

大气的影响主要包含大气温度、气压、密度的垂直廓线，水汽、臭氧、甲烷、一氧化碳和一氧化二氮的混合比垂直廓线，城乡大气气溶胶、雾、沙尘、火山灰、云、雨的廓线和辐射参量，如消光系数、吸收系数、非对称因子的光谱分布及地外太阳光谱。所有上述影响可以集中为大气对红外线的吸收透过影响和散射的影响。

大气中所含有的气体成分、颗粒的组成随着地理位置、季节变化而变化,相应的大气辐射传递特性也不同。

发动机红外试验时,要选择合适的测试场地和测试环境,充分考虑背景和大气吸收的影响。

3.2.2 发动机红外试验要求

1. 国军标要求

国内在航空发动机红外辐射特性测试方面的最高标准是 GJB 241A-2010《航空涡轮喷气和涡轮风扇发动机通用规范》,其中 3.7.10.3 节及 4.4.2.5.5 节分别对红外线辐射及红外线辐射试验进行了较为详细的规定。

GJB 241A-2010 中 3.7.10.3 节规定:在持久试车开始前,应对红外线辐射进行特征分析,以确定在下列方位角、仰角、红外线辐射带通、高度以及发动机状态下的最大红外线辐射强度:

(1) 方位角:0°、5°、10°、15°、20°、30°、40°、60°、90°、135°和180°;

(2) 俯仰角:0°、5°、10°、15°、20°、30°、40°、60°和90°;

(3) 高度:海平面、11 km 以及发动机工作的最大工作高度;

(4) 红外线辐射带通条件:1~3 μm、3~5 μm、8~10 μm、10~12 μm 以及 12~14 μm;

(5) 发动机工作状态:最大推力状态、中间推力状态和最大连续推力状态。

GJB 241A-2010 中 4.4.2.5.5 节对红外辐射试验进行了如下规定:

(1) 测量未安装的发动机总的(热零件+反射+排气尾流)最大红外线实际辐射信号及辐射图谱;

(2) 试验前后对红外辐射测试设备的红外强度以及光谱响应进行校准;

(3) 测试设备使用标准的红外辐射源校准;

(4) 用记录的大气条件(温度、湿度、天空下降物、云的构成、气象范围、太阳位置及试验位置),帮助计算场地标准和发动机实际的红外辐射;

(5) 测量方法应尽量减少来自背景及通常由飞机结构所覆盖的发动机外表面的红外辐射;

(6) 发动机安装在室外试车台上,在每个状态下保持一段时间,直到排气系统部件的温度稳定下来后再录取红外辐射数据;

(7) 采用在 1~3 μm、3~5 μm、8~10 μm、10~12 μm 以及 12~14 μm 带通内灵敏的辐射计,用来检验总的红外辐射信号;

(8) 使用从 0°~180°的每个方位角上的分辨率至少 0.05 μm 的光谱仪来进行光谱测量,以辨别出排气火焰的红外辐射信号;

(9) 对于具有专门红外抑制系统的发动机,需在抑制系统工作及不工作的两种情况下进行试验。

2. 露天红外试验要求

本书中露天红外试验指地面露天红外试验，在进行地面露天红外测试试验时，将测试仪器布置于各测试方位角下进行测试，可满足国军标对测试方位角的要求，但由于仪器布置位置有限，将测试仪器与待测目标呈不同俯仰角布置存在困难，故通常以固定俯仰角进行测试（多为俯仰角0°），对于不同俯仰角的测试需依托飞行试验等其他试验来开展。选择高度接近海平面的区域建设红外测试场地以满足国军标对海平面测试的要求，11 km 及发动机工作的最大工作高度的测试需依托飞行试验等其他试验来开展。使用在 1~3 μm、3~5 μm、8~10 μm、10~12 μm 以及 12~14 μm 带通内灵敏，且光谱分辨率大于 0.05 μm 的红外光谱辐射计可以获取对应波段范围内目标的红外辐射能量，同时获得各测试位置下目标的光谱特性。将发动机安装在试车台上，并调节至最大、中间和最大连续状态等典型发动机工作状态，待排气系统部件温度稳定后录取红外辐射数据。在试验前应设计与试验件相匹配的遮挡装置，模拟发动机装机状态，保证遮挡装置的表面漫反射率不低于95%，试验过程中表面温升不大于20℃。试验前后使用面源黑体、腔式黑体等标准红外辐射源对测试仪器进行校准，并使用自动气象站等辅助设备记录大气条件参数用于数据处理。

结合 GJB 241A-2010 对红外测试试验的要求，以及实际开展红外测试试验的经验总结，在开展地面红外测试试验时还应满足以下条件。

1) 环境条件

(1) 天气条件：无雨、无雪；

(2) 测试时间：以夜晚为宜；

(3) 仪器工作环境温度：保持在 0~40℃ 范围内，测试时间段内温度变化值不超过5℃；

(4) 环境湿度：相对湿度小于 80%；

(5) 风速：平均风速小于 5 m/s；

(6) 背景：背景表面为漫反射，且无强红外辐射源进入视场。

2) 场地条件

(1) 场地范围：根据目标长度、测试角度和仪器视场角，涵盖所有测点，测点处温度和风速应满足试验的要求；

(2) 场地要求：应为露天开阔场地，场地地面应能满足仪器测试、移动和标定要求；

(3) 能源条件：场地内能取电或配备供电装置；

(4) 其他条件：测试场地内无多余建筑物、植物等阻挡。

3.2.3 发动机红外试验流程

1. 测试准备

1）测点位置确定

首先用红外热像仪在方位角 90°对目标进行测量,确定目标长度;然后根据目标长度、安全距离和仪器视场角,按照试验大纲规定的红外辐射测量方位角进行测点位置计算。在测试场地内使用全站型电子速测仪进行测点定位。

2）测试仪器准备

所有测试仪器均检验合格并在有效期内。

试验前,根据试验状态的辐射能量范围进行红外光谱辐射计的现场标定。红外光谱辐射计标定完成后应利用上下两个标定点的标定文件验证中间点标定文件的有效性,保证标定误差不大于±5%,否则应进行重新标定。

2. 测试流程

1）标定文件验证

试验当天,在试验开始前选取红外热像仪标定文件量程范围内中间温度点,利用黑体对其进行有效性验证,若红外热像仪测量值相对于黑体实际显示值偏差大于±2℃或±2%,则应重新对红外热像仪进行标定。

2）红外辐射特性测试和大气透过率测量

测量步骤如下:

（1）完成红外测试仪器、辅助设备的试验前准备;

（2）调节试验状态;

（3）试验状态保持稳定后开始用红外光谱辐射计和红外热像仪进行红外辐射特性测试;

（4）当前试验状态测试完成后,开始调节下一状态,然后重复进行步骤(3)的过程,直至完成该测点位置下的全部试验状态测量;

（5）用红外光谱辐射计进行大气透过率测量;

（6）执行停车程序;

（7）停车完成后,进行背景测量;

（8）移至下一测点位置,重复进行步骤(1)到步骤(7)的过程,直至完成全部测点位置的测量。

3. 标定文件检验

测试完成后,按照实际试验状态用恰当的黑体温度进行红外光谱辐射计标定文件的检验,若标定文件缺失或误差不满足±5%的要求,则对红外光谱辐射计进行补充标定,并用黑体进行重新检验,直至满足要求。

3.2.4 发动机红外试验数据处理

1. 目标红外辐射特性数据处理

对于目标红外辐射特性来说,通过对获取到的目标辐射能量进行计算,得到各个测试方位角目标光谱辐射亮度、辐射亮度、光谱辐射强度和辐射强度,进而可以获取目标红外辐射特性随发动机状态变化规律以及测试方位角变化规律。

1) 光谱辐射亮度计算

测量目标的光谱辐射亮度 L_λ 计算见公式(3.1):

$$L_\lambda = \frac{M(\lambda) - a_0 - (1-k) \times [M_B(\lambda) - a_0]}{a_1 \times k} \tag{3.1}$$

其中,$M_B(\lambda)$ 为测量背景的光谱电压,单位为 $V \cdot \mu m^{-1}$;k 为视场占空比。

视场占空比通过公式(3.2)计算:

$$k = \frac{A_T}{A_{FOV}} \tag{3.2}$$

其中,A_T 为目标辐射面积,单位为 m^2;A_{FOV} 为视场面积,单位为 m^2。

视场面积可以由公式(3.3)计算:

$$A_{FOV} = \pi \times \left[\tan\left(\frac{\theta}{2\,000}\right) \times R\right]^2 \tag{3.3}$$

其中,θ 为视场角,单位为 mrad;R 为仪器到目标的距离,单位为 m。

2) 辐射亮度计算

由公式(3.1)得到光谱辐射亮度后,对目标光谱辐射亮度进行给定光谱区区间 $\lambda_1 \sim \lambda_2$ 内的积分计算,由公式(3.4)得到目标在光谱区间 $\lambda_1 \sim \lambda_2$ 内的辐射亮度 L:

$$L = \left(\int_{\lambda_1}^{\lambda_2} L_\lambda \mathrm{d}\lambda\right) \tau \tag{3.4}$$

其中,τ 为大气透过率。

大气透过率由公式(3.5)计算。

$$\tau = \frac{\int_{\lambda_1}^{\lambda_2} L_f(\lambda)\,\mathrm{d}\lambda}{\int_{\lambda_1}^{\lambda_2} L_n(\lambda)\,\mathrm{d}\lambda} \tag{3.5}$$

其中,$L_f(\lambda)$ 为远距离黑体测量的光谱辐射亮度,单位为 $W \cdot m^{-2} \cdot sr^{-1} \cdot \mu m^{-1}$;$L_n(\lambda)$ 为近距离黑体测量的光谱辐射亮度,单位为 $W \cdot m^{-2} \cdot sr^{-1} \cdot \mu m^{-1}$。

3) 光谱辐射强度计算

由公式(3.1)得到光谱辐射亮度后,根据公式(3.6)进行光谱辐射强度 I_λ 计算:

$$I_\lambda = A_T \times L_\lambda \qquad (3.6)$$

4) 辐射强度计算

由公式(3.4)得到光谱辐射强度后,对目标光谱辐射强度进行给定光谱区间 $\lambda_1 \sim \lambda_2$ 内的积分计算,由公式(3.7)得到目标在光谱区间 $\lambda_1 \sim \lambda_2$ 内的辐射强度 I:

$$I = \left(\int_{\lambda_1}^{\lambda_2} I_\lambda \mathrm{d}\lambda \right) / \tau \qquad (3.7)$$

2. 红外辐射空间分布特性数据处理

对于红外辐射空间分布特性来说,根据测试任务要求,在测量获取的大量红外热像图中选取航空发动机特定状态下的红外热像图,选取的红外热像图应满足图像清晰度、目标像素和测试方位角等要求,通过红外热像图可以得到直观分析发动机红外辐射空间分布特性,通过详细分析可以得到发动机涡轮部件、喷管部件以及尾喷流等随测试方位角的变化情况,进而可以对特定方位角的特定部件进行有效红外抑制。

根据测试任务要求,选取合理有效的红外热图像进行处理和辐射量计算,选取的红外热图像应满足图像清晰度、分辨率、目标状态和测量角度等要求。对红外热图像中目标与背景进行区分,将目标的各个像素点 $i(i=1, 2, 3, \cdots, n)$ 的辐射温度提取出来,并计算得到单个像素点所对应的实际面积,由公式(3.8)得出目标各个像素点 i 的辐射亮度 L_i。

$$L = \frac{V(L) - B}{K} \qquad (3.8)$$

其中,L 为在 $\lambda_1 \sim \lambda_2$ 波段范围内目标辐射亮度,单位为 $\mathrm{W \cdot m^{-2} \cdot sr^{-1}}$;$V(L)$ 为测量目标时红外热像仪电压,单位为 V。

由公式(3.9)得出目标各个像素点 i 的辐射强度 I_i:

$$I_i = A_i \times L_i / \tau \qquad (3.9)$$

其中,I_i 为目标各个像素点 i 在红外热像仪工作波段范围内的辐射强度,单位为 $\mathrm{W \cdot sr^{-1}}$;A_i 为目标各个像素点 i 的面积,单位为 $\mathrm{m^2}$;L_i 为目标各个像素点 i 的辐射亮度,单位为 $\mathrm{W \cdot m^{-2} \cdot sr^{-1}}$。

由公式(3.10)得出目标总的辐射强度:

$$I_t = \sum_{i=1}^{n} I_i \tag{3.10}$$

其中，I_t 为目标在红外热像仪工作波段范围内的总辐射强度，单位为 $W \cdot sr^{-1}$。

3. 不确定度评估

航空发动机红外辐射特性的测试，主要使用红外热像仪和光谱辐射计，在各个角度、不同距离的条件下进行测试，不同区域、不同温度、不同发射率部件辐射和对环境能量的反射等多种辐射源进行综合得到的参数，对其进行测量时，受到多种因素的影响通过建立红外辐射特性与仪器示值及环境条件的数学模型，测量模型见图 3.11，得到最终的测试结果，其中不确定度评估是判断测量结果可靠性的重要手段。

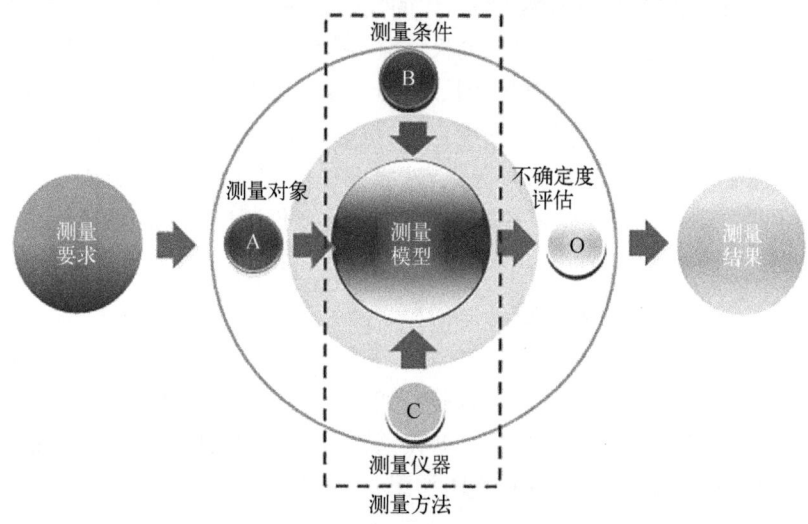

图 3.11　测量模型

红外测试结果的评估，需要借助细致的误差分析手段，实现对测试结果的有效控制。不确定度是描述测量结果准确度的重要指标，分析不确定度的来源时，充分考虑对测量结果有明显影响的各项不确定度分量，尽可能不遗漏和不重复。航空发动机红外辐射试验涉及参数较多，各参数测试方法也不尽相同，根据不确定性的分析方法，测量结果的不确定度由系统测量的不确定度和测量方法的不确定度构成。不确定度分析与测试方法、标准器的选择、测试条件等因素都有关系，同时各因素之间还可能存在耦合的情况。航空涡喷涡扇发动机排气系统红外辐射特性试验过程中的不确定度影响因素主要包括：

（1）红外测量仪器的系统误差；
（2）红外测量仪器的标定误差；
（3）大气红外透过率的测量误差；

(4) 测量距离误差;

(5) 背景辐射影响等。

红外辐射特性测试不确定度评估时应注意以下问题。

第一,测试对象在空间和时间上的变化对测量结果的不确定度影响分析比较困难。由于航空发动机尾焰测试部位的温度和能量为实时变化的量,随时间和空间分布的变化剧烈。发动机尾焰为非朗伯体,不同角度的辐射也存在较大差异。发动机尾焰的燃烧状态即使在相同工况下也会有所差别,不同的测量时间也会影响测量结果。

第二,现场测试条件复杂,测试条件包括现场温度、湿度、大气透过率、背景辐射、太阳光等,在测试过程中,尾焰燃烧后产生的气体会导致附近空气的组分含量和温度等产生改变,因此还需要考虑航空发动机喷出的高温气流导致的测试条件变化。

第三,有些测试条件相互耦合,例如测量距离不仅影响热像仪的示值(热像仪距离效应),还会影响空间定位和角度定位,也会影响大气透过率修正。

因此,需要综合考虑各种影响因素,选择合适的测量方法,形成确定的测试流程,进而才能对测量过程中的不确定度做出评估,评价测试结果的准确性。

3.2.5 发动机红外试验设备

利用露天场地开展发动机红外试验,主要针对发动机的红外特征,从目标光谱辐射特征和红外空间分布特性两方面进行考查。为获取发动机红外辐射特性,航空发动机红外辐射测量系统应包括红外光谱辐射计、红外热像仪以及标准黑体、气象站等其他附属设备,测试系统布置图如图3.12所示。

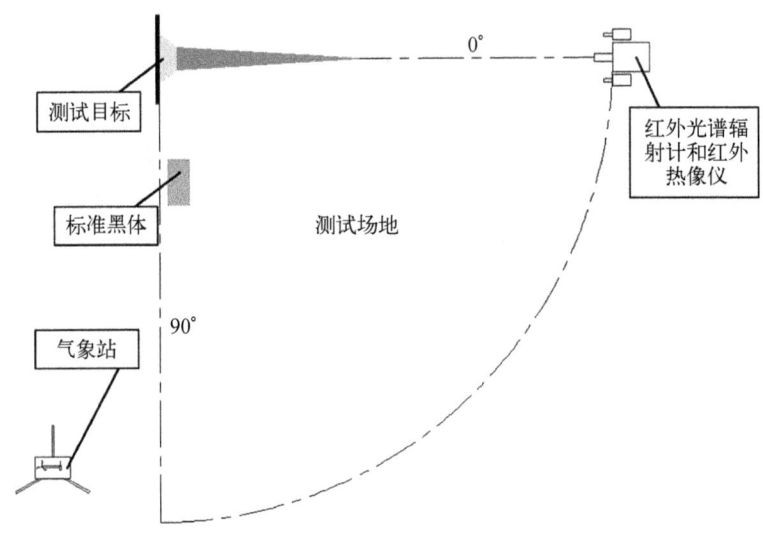

图 3.12 红外测试系统布置图

1. 发动红外辐射测试仪器

典型发动机红外辐射测试系统主要包含的仪器及相应参数见表 3.4。

表 3.4 典型红外辐射测试系统主要包含的仪器

序号	仪 器	型 号	测量范围	用 途
1	红外辐射计	MR304SC	1~15 μm	获取红外辐射的光谱特性
2	中波红外热像仪	X6530SC	5~2 500℃	获取中波红外辐射的空间分布特性
3	长波红外热像仪	SC7750	5~2 000℃	获取长波红外辐射的空间分布特性面
4	面源黑体	ECN100H12	50~550℃	用于红外仪器的标定
5	腔式黑体	RCN1200N1	50~1 000℃	用于红外仪器的标定
6	自动气象站	PC-4/EC-9S	-20~50℃ 30%RH~90%RH 0~10 m/s 0°~360°	对试验现场温度、湿度、风速等进行测量和修正分析红外测试仪器的结果
7	全站型电子速测仪	GPT-3002LND	0~3 000 m 0°~360°	测距离、角度

1) 红外光谱辐射计

红外光谱辐射计的主要功能是通过获取目标的红外光谱数据,进而计算得到红外光谱辐射强度、红外辐射强度等红外辐射特征的仪器,根据其工作方式的不同主要可分为滤光片式、光栅式以及傅里叶变换式,由于傅里叶变换式红外光谱辐射计的精度和分辨率最高,所以该设备是当前红外测试试验的主流设备,傅里叶变换式红外光谱辐射计及其测量结果如图 3.13 所示。

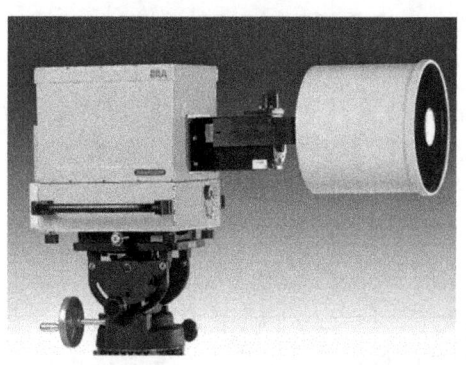
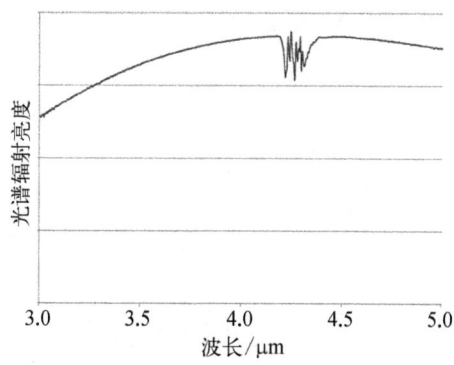

图 3.13 红外光谱辐射计及测试结果

傅里叶变换红外光谱辐射计的波段测量范围应涵盖 1~15 μm,最高光谱分辨率不低于 0.05 μm,其他条件均应满足航空涡喷涡扇发动机红外辐射特性测试的任务需求。

2) 红外热像仪

红外热像仪可以获取发动机固体壁面及尾焰辐射温度场的瞬态变化,主要用于对目标的红外辐射空间分布进行分析。红外热像仪按波长范围可分为中波热像仪和长波热像仪,中波热像仪波段测量范围应涵盖 3~5 μm,长波热像仪波段测量范围应涵盖 8~9 μm;红外热像仪测温范围涵盖 5~2 000℃,测温精度不低于±1℃或±1%。红外热像仪利用红外探测器和光学成像物镜接受被测目标的红外辐射能量分布图形并反映到红外探测器的光敏元件,从而获得红外热像图,图像中不同颜色代表被测物体的不同辐射温度,如图 3.14 所示。

图 3.14　红外热像仪及测试结果

图 3.15　标准面源黑体

3) 黑体

黑体(图 3.15)主要用于红外仪器的标定。由于红外能量从目标到达仪器的过程中会经过大气吸收,也会受到相对湿度、风速风向、雾云雨雪等气象要素的影响,如果不对设备标定就会造成测试结果偏低,为了保证红外测试数据结果的准确性,需要在试验前或后用黑体对红外测试仪器进行标定。黑体的温度范围及辐射面积均应满足红外测试仪器的标定和大气透过率的测量要求;温度分辨率不低于 0.1℃,温度误差不大于±2℃ 或±2%,表面不均匀度不大于±2℃ 或±2%;黑体表面红外发射率不小于 0.96,误差不大于±0.02。

4) 气象站

气象站(图 3.16)应包括温度传感器、湿度传感器、风速传感器、风向传感器,主要用于采集试验场地的温湿度、风向风速、大气压等环境参数,用于对红外测试结果进行修正和分析;各传感器的量程选择应能满足试验现场的测试需求。

图 3.16　气象站

图 3.17　全站型电子速测仪

5) 全站型电子速测仪

全站型电子速测仪(图 3.17)用于测量测试距离和测试角度,距离测量精度不低于 2 mm,角度测量精度不低于 2″,距离和角度测量量程应满足航空涡喷涡扇发动机红外辐射特性测试的任务需求。

2. 发动机红外辐射测试辅助设备

除测试仪器外,发动机红外辐射测试还需要配置相应的配套设备,配套设备主要包括移动测试平台和红外校准平台。

由于红外辐射试验在露天试车台区进行,各测点之间的距离比较远,需要运送和搭载测试设备的可移动测试平台,便于测试设备的移动和位置调整,可移动测试平台的结构如图 3.18 所示。同时考虑到红外测试试验的特殊性,在平台的设计中应考虑隔音降噪、人员及设备的安全防护、车内环境等因素对试验结果的影响,需采取必要的防护措施。

红外校准平台主要用于红外测试设备校准时腔式黑体及面源黑体的上、下、左、右及周向位置调整,红外校准平台结构如图 3.19 所示。红外设备校准时,仪器对准盘及黑体对准盘分别发射两束激光,达到对方的对准点上,以此来保证红外仪器与黑体的同轴度,如图 3.20 所示。

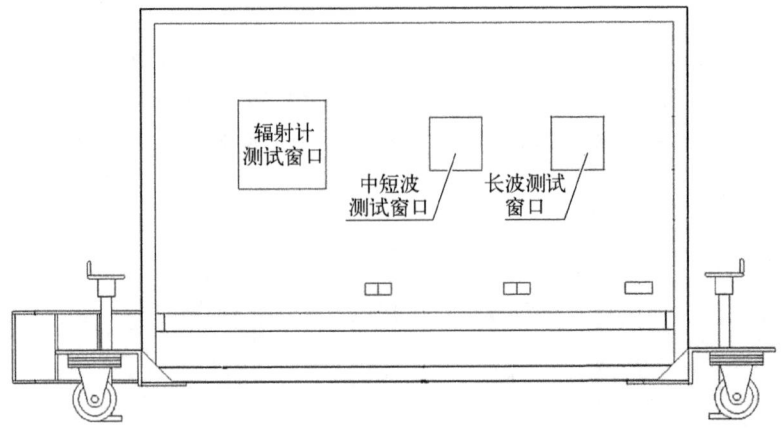

图 3.18 可移动测试平台

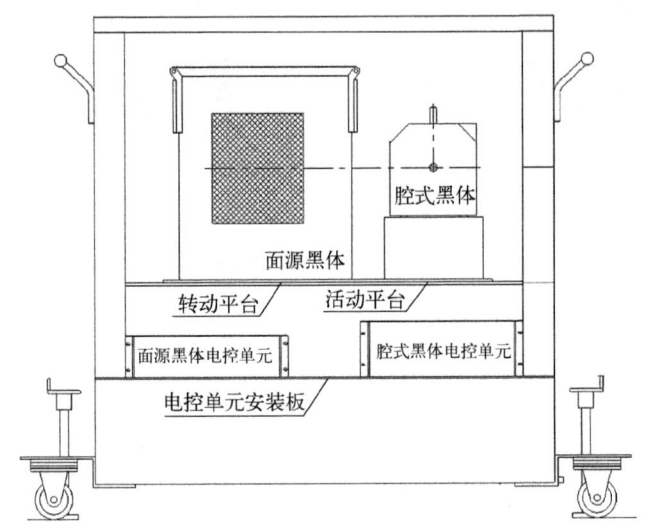

图 3.19 红外校准平台

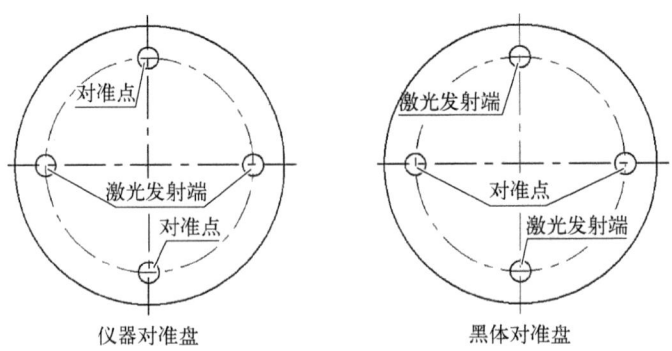

图 3.20 对准机构示意图

第 4 章 露天环境试验

航空发动机在大气环境中工作,大气温度、压力、湿度、风速风向等参数的变化,发动机吞入大气中雨、雹等,都影响发动机起动、运行、停车过程中的性能和功能。为研究、验证这些影响,考核发动机的环境适应能力,需要开展相关试验。对于这些试验,有的文献统称为环境吞咽试验;有的根据试验条件和试验配套装置(如投射装置)的区别,分别称为环境试验和吞咽试验。本书采用后者。

在露天试车台开展的发动机环境试验包括侧风试验和地面结冰试验。

4.1 侧 风 试 验

作为吸气式热力机械,航空发动机进气条件对其影响较大。发动机进气品质易受发动机布局、机身干扰、侧风等因素的影响,导致发动机进气流场发生畸变。进气畸变将影响发动机的工作性能,对发动机的起动性能与稳定工作性能影响尤为显著,严重情况下甚至造成发动机在起动或运行中出现颤振、失速或喘振。

为研究和验证进气畸变对发动机的影响,在部件(风扇、压气机)和整机试验时,利用畸变发生装置产生进气畸变(包括压力畸变和温度畸变,以及两者的组合)。在不同的畸变指数和不同运行状态下,开展试验。

在发动机产生进气畸变的各种条件中,侧风条件是其典型的工况条件。当飞机地面起飞或空中进近着陆时,在侧风的影响下,不仅会对飞机本身的操控带来影响,也会影响发动机的工作状态,严重时可能会导致发动机喘振甚至熄火停止工作。因此,在《航空发动机适航规定》(CCAR-33-R2)和《运输类飞机适航标准》(CCAR-25-R4)中,均有对发动机侧风试验的相关要求,明确表示需要对发动机进行地面侧风试验,获取发动机在侧风条件下的工作特性,建立发动机地面运行包线,以此作为飞机在侧风条件下试飞的重要依据。

在露天试车台,利用侧风装置产生不同方向和大小的风,开展发动机地面侧风试验,是适航取证的重要考核试验项目,主要验证在规定的侧风条件下,发动机的工作稳定性是否受到影响,发动机的排气温度、振动值、高低压转速等工作参数是否超限。对发动机进行地面侧风试验,可以验证发动机在侧风条件下的使用包线,为型号研制提供技术支持。

4.1.1 侧风试验要求

对发动机侧风试验的要求,主要来源于适航规定。

(1) CCAR-25-R4 第 25.233 条规定"飞机在地面运行可预期的任何速度,在风速直到 20 节或 0.2VSRO(取大者,但不必高于 25 节)的 90°的侧风中,不得有不可控制的地面打转倾向。"

(2) CCAR-33-R2 第 33.65 条规定"在发动机工作包线内的任何一点上,起动、功率或推力的变化、功率的增大或推力的加力,极限的进气畸变或进气温度,不得引起喘振或失速达到出现熄火、结构失效、超温或发动机功率或推力不能恢复的程度。"

上述要求一个从飞机角度提出,另一个从发动机角度提出。从发动机角度,可以理解成:

(1) 在 12.84 m/s 的正侧风环境中,发动机可以以任意速度在地面稳定运转;

(2) 在任意进气畸变条件下,发动机可完成起动和推力变化,而不发生喘振、失速或熄火等异常情况。

在侧风风速方面:除考虑上述标准的要求,还要考虑飞机最大起降风速要求,以满足飞机着陆后在地面滑行时发动机稳定工作的需求。因此,在发动机侧风试验中,状态点的选取要比适航标准更苛刻,以美国通用电气公司 4E 露天试车台所进行的侧风试验为例,侧风装置出口风速可达 30 m/s。

在侧风角度方面:发动机侧风试验主要考虑起动过程和稳定工作过程。在起动过程中,从尾喷口正后喷口方向的侧风条件(顺风条件)为最苛刻的起动条件,应重点考虑该条件下的起动过程。在稳定工作过程,应选取发动机进口最大进气畸变下的侧风条件开展相关试验。

在发动机工作状态方面:发动机侧风试验考核应充分考虑起动过程和稳定工作过程。稳定工作过程应包括发动机最大推力状态、过渡态推力变化,应充分验证最苛刻侧风的影响。

对于起动过程,顺风条件为最苛刻的起动条件,应考核发动机正侧风起动与顺风起动;对于稳定工作过程,侧风可引起进气畸变,因此选取发动机进口最大进气畸变下的侧风条件(包括风速与风向)开展侧风试验,考核发动机正侧风稳定工作。发动机稳定工作状态应包括典型稳态与典型过渡态,典型稳态包括起飞推力、爬升推力、巡航推力、着陆推力状态,典型过渡态应包括全程和半程加减速。

4.1.2 侧风试验方法和内容

1. 侧风试验方法

发动机侧风试验可通过装机试飞（装机侧风试验）与地面台架试验（地面侧风试验）两种方式实现，如图 4.1 和图 4.2 所示。

装机侧风试验，就是将发动机安装到飞机上，利用自然条件进行发动机侧风试验。装机侧风试验易受试飞地点和天气等因素的影响，例如 ARJ21 - 700 飞机于 2010 年至 2013 年在甘肃省嘉峪关和鼎新开展了大侧风试验试飞，由于受到国内机场跑道、侧风气象条件和环境的制约，未能验证到设计目标值（起飞 30 节、着陆 27 节）。国内民机机场跑道一般都是一字型跑道，主要是为了降低侧风对飞机起飞和着陆的影响。为了扩展侧风飞行包线，中国商飞公司在 ARJ21 - 700 飞机取得型号合格证（TC）之后根据相关技术研究，最终选择在冰岛凯夫拉维克国际机场开展大侧风试飞，验证了飞机在起飞 30 节、着陆 27 节正侧风条件下的操作性和稳定性及动力装置（包括发动机、APU）的性能。

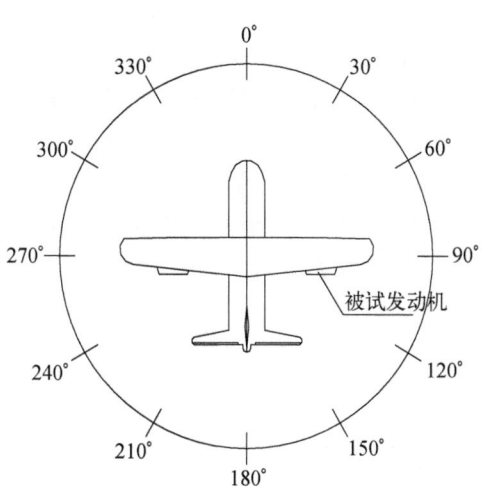

图 4.1 装机侧风试验

图 4.2 地面侧风试验

地面侧风试验，就是在露天试车台，利用侧风装置（人造风源）模拟侧风条件进行发动机侧风试验。侧风装置主要利用风机作为动力，实现侧风条件可控，不受试飞地点和天气等因素的影响,试验经济性、安全性及重复性均较高。根据试验要求,在0°~180°的任意位置为发动机提供不同风速、不同风向的侧风条件,相对装机侧风试验来说可以解决试飞风险高、难度大、时间窗口小的问题,同时还可以模拟更恶劣的气象条件,进一步地扩展发动机的能力包线。

2. 侧风试验内容

侧风试验主要由侧风装置标定、稳定工作侧风试验和起动侧风试验三部分组成,具体内容如下。

1) 侧风装置标定

侧风装置标定包括风向调试、风速标定。

风向调试通过调整侧风装置位置实现,如通过导轨调整位置以满足侧风装置与发动机进口间的角度关系,如图4.3所示。

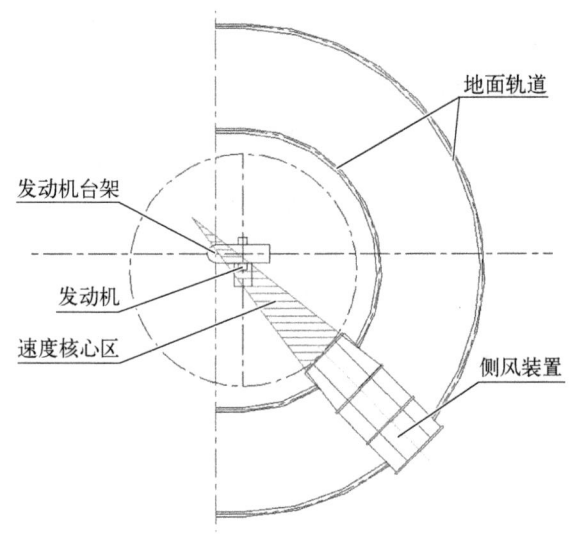

图4.3 侧风装置角度调试示意图

风速标定是确定侧风装置出口风速与风机转速的关系。对于用变频交流电机驱动的风机,通过调节风机转速调节风速。风速测量系统(皮托管、风速仪)测量侧风装置出口风速,调节风机转速,得到不同的出口风速,如图4.4所示。

2) 稳定工作侧风试验

稳定工作侧风试验是研究和验证不同侧风条件下发动机的稳定工作情况。

试验前将侧风装置调整至试验位置,发动机起动后,启动侧风装置并调整风速,按照试验要求完成稳态与过渡态性能参数录取,计算发动机的畸变指数。稳定工作侧风试验程序如图4.5所示。

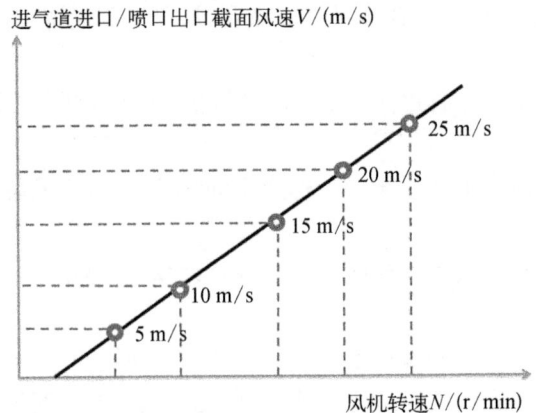

图 4.4 风速标定曲线示意图

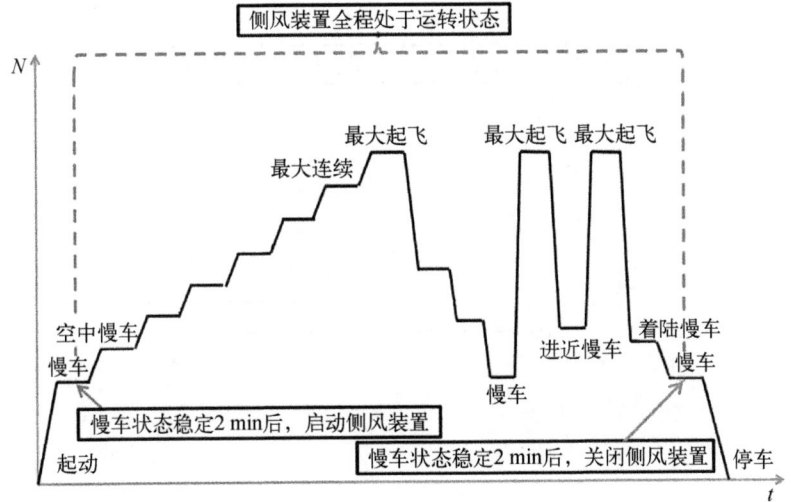

图 4.5 稳定工作试车程序

试验过程中对发动机进口截面与喷口截面进行风速测量,监控试验过程中风速的波动变化。发动机进口设置 AIP 测量截面,对侧风条件引起的进气畸变进行实时测量。

稳定工作侧风试验过程的具体操作如下:

(1) 稳定侧风试验前,拆除风速标定用风速仪与固定支架;

(2) 起动前调整侧风装置位置,使得侧风装置出口角度满足试验点的角度要求;

(3) 在自然风条件下,即不启动侧风装置,进行发动机起动;

(4) 发动机起动到慢车后稳定 2 min,启动侧风装置,按照试验点风速标定的

风机转速调整侧风装置,使风速满足试验点要求,侧风装置调整过程中不得改变发动机状态;

(5) 按照图 4.5 试车程序进行试车,试车过程中监控侧风装置各风机转速应与标定状态一致;

(6) 在发动机停车前的慢车台阶稳定 2 min 后,关闭侧风装置,检查侧风装置是否正常停止工作;

(7) 按照试车程序要求完成所有台阶内容,发动机停车。

3) 起动侧风试验

起动侧风试验是研究和验证不同侧风条件下发动机的起动稳定性。

试验前将侧风装置调整至试验位置,先启动侧风装置并调整风速,在侧风条件下起动发动机,检查发动机的起动稳定性,计算分析该侧风进气条件下,发动机起动过程畸变指数变化。起动侧风试验程序如图 4.6 所示。

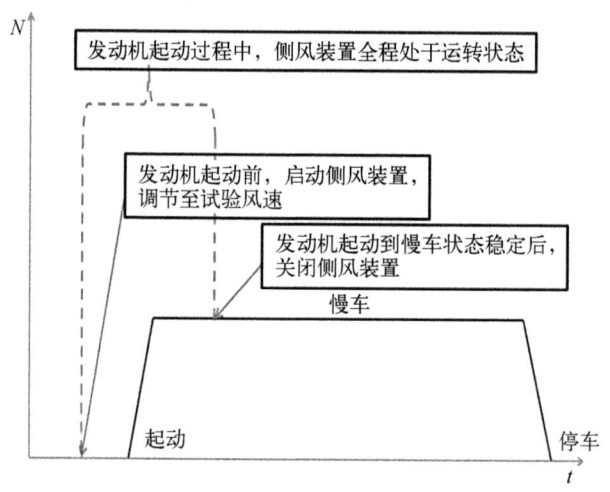

图 4.6 起动侧风试车程序

起动过程对发动机进口截面与喷口截面进行风速测量,监控试验过程中风速的波动变化。

起动侧风试验过程的具体操作如下:

(1) 起动侧风试验前,拆除风速标定用风速仪与固定支架;

(2) 起动前调整侧风装置位置,使得侧风装置出口角度满足试验点的角度要求;

(3) 启动侧风装置,按照试验点风速标定的风机转速调整侧风装置,使风速满足试验点要求,侧风装置调整过程中不得起动发动机;

(4) 发动机起动,起动过程中监控侧风装置各风机转速应与标定状态一致;

(5) 发动机在起动后慢车台阶稳定 1 min 后,关闭侧风装置,检查侧风装置是

否正常停止工作;

(6) 发动机在慢车状态继续工作 4 min 后,发动机停车。

在发动机完成上述试验内容后,检查发动机是否发生喘振、颤振等不稳定工作现象;检查发动机振动和脉动是否超限;检查发动机在稳定工作侧风条件下是否稳定工作;检查发动机在起动侧风条件下是否可以成功起动。若未发生上述情况,证明发动机工作稳定性满足试验要求。

4.1.3 试验数据处理方法

1. AIP 截面参数处理

一般在 AIP 测量截面上布置 8 支复合探针,每支沿径向布置 5 个稳态总压测点、5 个总温测点和 1 个动态总压测点。这样,可按照公式(4.1)对每个探针上的相同测试数据求平均值:

$$P_i = \frac{\sum_{j=1}^{5} P_j}{5} \tag{4.1}$$

其中,P_i 为第 i 支探针的稳态平均总压;P_j 为第 i 支探针的第 j 个测点的稳态总压。

按照公式(4.2)求解 AIP 截面 8 支探针的平均稳态总压:

$$P_{AIP} = \frac{\sum_{i=1}^{8} P_i}{8} \tag{4.2}$$

以 P_{AIP} 作为判断低压区的参考值,数值小于 P_{AIP} 的区域为低压区,将所有低压区的总压求平均值,得到低压区的平均总压 $P_{av,low}$,按照公式(4.3)和公式(4.4)计算 AIP 截面总压恢复系数 σ_{AIP} 和低压区总压恢复系数 $\sigma_{av,low}$:

$$\sigma_{AIP} = \frac{P_{AIP}}{P_0} \tag{4.3}$$

$$\sigma_{av,low} = \frac{P_{av,low}}{P_0} \tag{4.4}$$

其中,P_0 为无畸变条件下进口平均总压。

2. 畸变指数

畸变指数是用来表示和评定侧风导致的总压畸变对推进系统稳定性及性能影响程度的参数。

稳态畸变指数:

$$\Delta \bar{\sigma}_0 = \left(1 - \frac{\sigma_{av,low}}{\sigma_{AIP}}\right) \times 100\% \tag{4.5}$$

其中，$\Delta\bar{\sigma}_0$ 为稳态畸变指数。

动态畸变指数：

$$\bar{\varepsilon} = \frac{1}{8}\sum_{i=1}^{8}\frac{\sqrt{\frac{1}{T}\int_0^T \Delta P^2 \mathrm{d}t}}{P_{T,i}} \qquad (4.6)$$

其中，$\bar{\varepsilon}$ 为动态畸变指数；ΔP 为动态压力脉动测点瞬态压力与平均压力之差；$P_{T,i}$ 为时间 T 内动态压力测点 i 的平均总压；T 为时间周期。

综合畸变指数：

$$\overline{W} = \Delta\bar{\sigma}_0 + \bar{\varepsilon} \qquad (4.7)$$

4.1.4 试验设备

露天侧风试验设备中，除发动机台架、测试仪器等外，最主要、最突出的就是侧风装置。

侧风装置就是造风的设备，是一个直流式风洞：风机作为风源，气流经过稳定段整流、收缩段加速后，使得出口风速满足试验要求。通过调整侧风装置的位置，实现在 0°~180°的任意位置停放，达到不同风向的要求。

风速标定时，在装置的出口位置安装风速测量系统，测量出口动压场或者风速，以此给出出口风速与风机转速的关系曲线。侧风试验前，拆除风速测量系统。

1. 侧风装置

侧风装置由进气段、动力段、稳定段(含阻尼网)、收缩段、出口段、移动平台以及电气控制系统等组成(部分装置未在图中标注)，如图 4.7 所示。

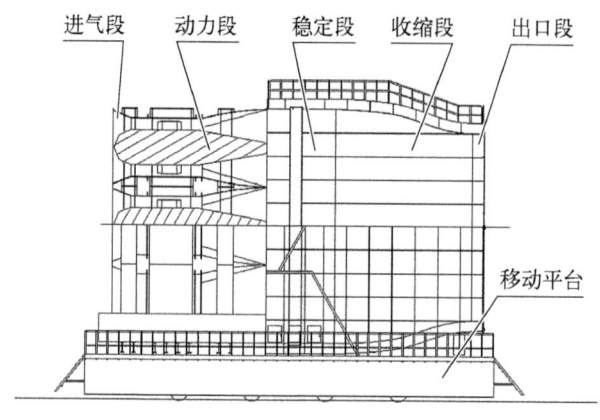

图 4.7 侧风装置系统组成

1) 进气段

进口段是侧风装置最前面的部分，主要作用是为动力段的风机提供尽量均匀气流，降低入口气流损失。

在进口段要设置过滤网，以阻挡树叶等进入。

2) 动力段

动力段是安装风机的一段洞体，风机的作用是驱使气体流动，不断向气流补充能量，以建立起稳定的流场。

动力段一般由外壳、风机、驱动风机的电动机、整流装置组成。整流装置包括整流罩、前导叶（位于风机前）、后导叶（位于风机后）。电动机可安装于整流罩内。

动力段安装的风机，可以是单台，也可以是多台，如图4.8所示。多台风机时，要考虑多台并联工作的相互影响，每台风机最好单独驱动、单独控制，以保证动力段供气能力和流场满足试验要求。

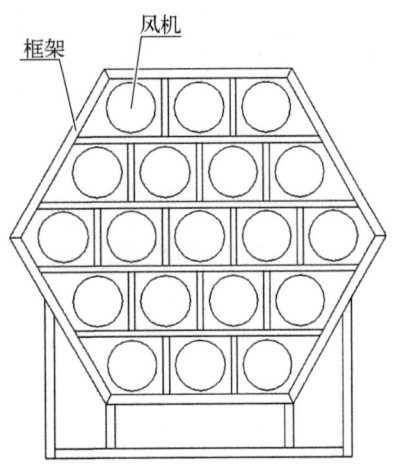

图4.8 风机矩阵布置示意图

3) 稳定段

稳定段的作用在于使风机出口后紊乱不均匀的气流稳定下来，衰减气流中的漩涡，提高气流方向和速度的均匀性。因此，稳定段就是一段横截面积不变的足够长的管道，其横截面积足够大，气流速度较低。

为了达到改善气流品质的目的，在稳定段一般都装有整流装置。整流装置一般是指蜂窝器和整流网。蜂窝器对气流起导向作用，减小气流偏角，并可以把大尺度漩涡分割为小漩涡，减小气流的横向湍流度。整流网也称阻尼网，是一种网眼比较小的金属丝网，在稳定段一般安装一层或数层。整流网也可以使大尺度的漩涡分割为小尺度的漩涡，而小尺度漩涡可在稳定段中迅速衰减，从而降低气流的湍流度，特别是轴向湍流度。

4) 收缩段

收缩段是连接稳定段与出口段之间的一段光滑过渡的管道。收缩段使稳定段的气流均匀地加速后进入出口段。另外，它也有助于提高出口段气流的均匀性、降低湍流度。

收缩段的收缩曲线应使流速沿轴向均匀地增加，不产生边界层分离。在收缩段入口和出口处，壁面平行于风洞轴线，保证出口截面气流的速度均匀、方向和风洞轴。为了降低收缩段的压力损失和改善出口流场，常用收缩曲线有维氏曲线、双三次曲线等，如图4.9所示。

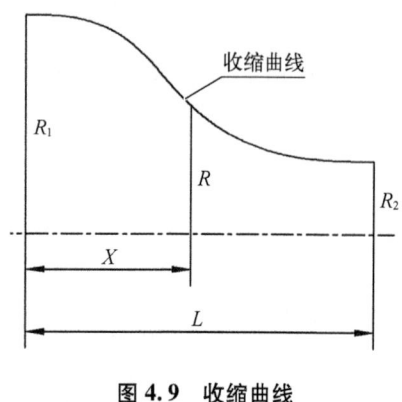

图4.9 收缩曲线

收缩段的入口横截面积与出口段横截面积之比称为收缩比。收缩比的大小以及收缩段的长度,与出口流场品质、压力损失、造价等有关。

收缩段的长径比一般取 0.5~1.3,保证收缩段出口具有良好的气流品质。

5) 出口段

出口段为一段加长的直管段,主要为了进一步平直出口气流,保证覆盖发动机进口的流场均匀。

对于不同的风速要求,除通过调节风机功率外,还可以更换不同的收缩段和出口段。

6) 移动平台

移动平台主要由支撑平台和车轮等组成,如图4.10所示。支撑平台用于支撑整个洞体,并可安装车轮。

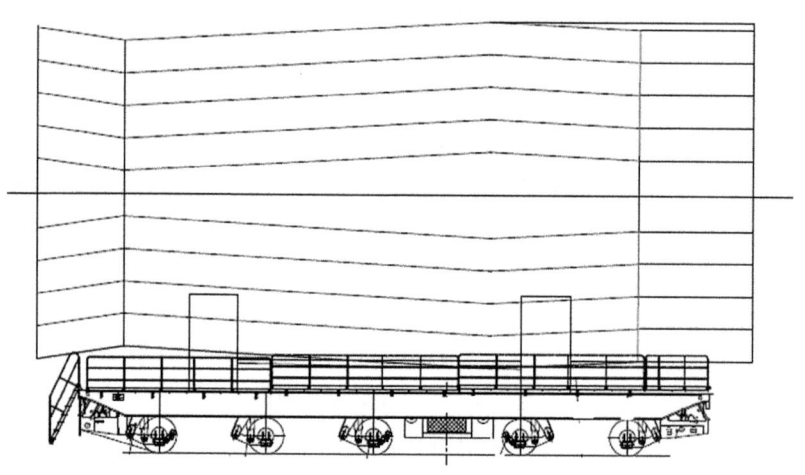

图4.10 移动车移动方案

移动平台的移动可通过两组或者三组车轮沿着固定的半圆形导轨将侧风装置停放在不同角度,也可以通过几组车轮,在硬化地面上将侧风装置停放在要求的位置。

7) 电气控制系统

如图4.11所示,控制系统一般以可编程逻辑控制器(programmable logic controller,PLC)作为系统核心控制器,通过Profibus总线与每台变频器通信向其发送控制指令及监测电机运行参数;PLC的AI模块完成对风速测量等传感器信号的数据采集。

第4章 露天环境试验

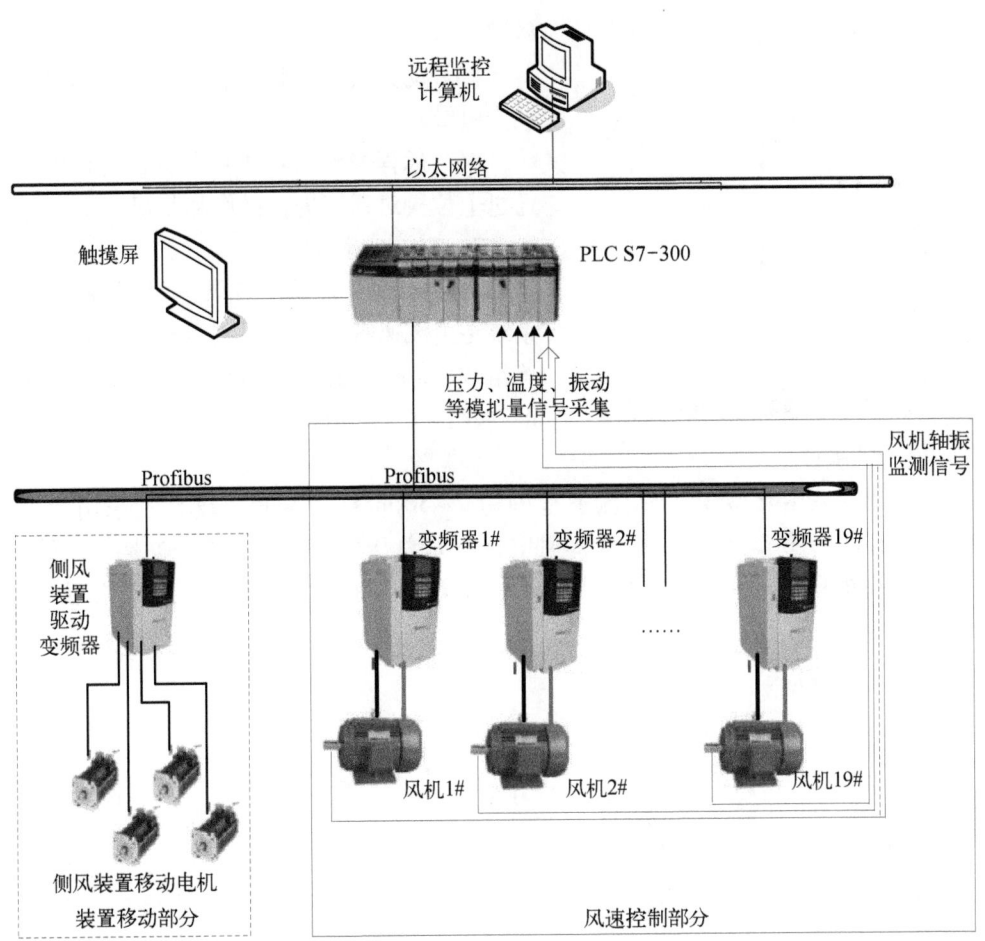

图4.11 控制系统方案

PLC与上位机通过以太网通信，实现远程操作控制风速、数据采集和状态读取；在操作现场，触摸屏通过MPI口与PLC可靠连接，通过本地人机交互界面执行风速控制、数据采集和状态读取等。

装置移动的本地操作可通过触摸屏和手柄控制装置移动的方向、速度、起停等。

控制系统主要由以下部分组成：

（1）动力电接线箱：通过连接外置电缆将试验厂房的供电接入侧风设备控制系统；

（2）进线柜：通过铜母排将供电电源分配给各变频柜；

（3）变频柜：每个变频柜内布置1台变频器及配套的开关元件；

（4）控制柜：柜内有控制系统PLC、触摸屏，以及照明、空调等设备的供电线路；

（5）动力电缆卷筒车：用于存放和敷设动力电缆；

（6）远程操作台：试验人员在测控中心通过上位机对系统进行操作和监视。

2. 风速测量系统

当通过动压测量出口风速时，风速测量系统是由风速管、微压计、测量支架和安装座等组成，布置在出口段出口位置，呈"十"字形，如图4.12所示。

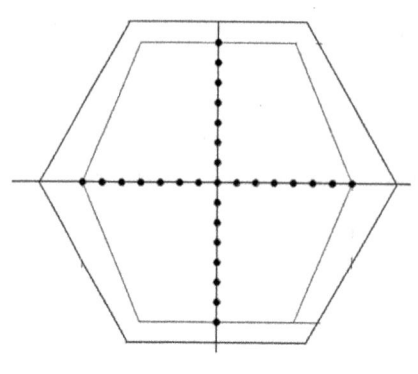

图4.12 风速测量系统布置图

1) 风速管

风速管采用直型皮托管，测速范围为 2~50 m/s，带卡套。皮托管采用两根不同内径的管子套接而成，内管直通尾接头是总压管，外管通侧接头是静压管。两端接头均用软管连接，通过补偿式微压计直接读取总压与静压之差，如图4.13所示。

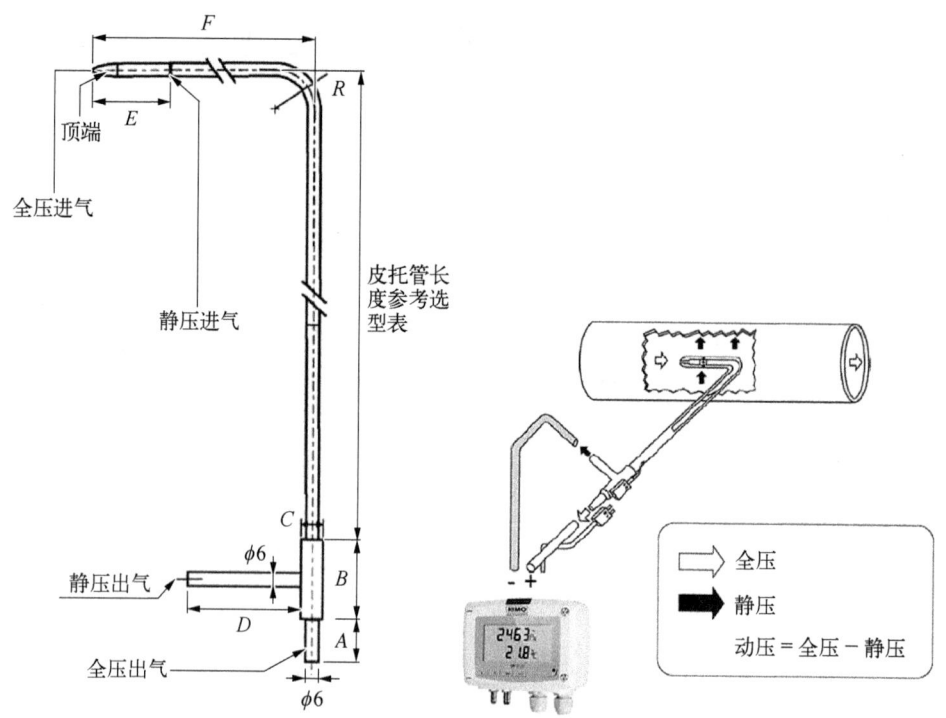

图4.13 风速管的结构形式和连接方式(单位：cm)

2) 补偿式微压计

补偿式微压计用于测量气体的微小压力、负压力及压力差,也可用来校准其他压力计,其主要由微调部分、水准观测部分、反光镜部分以及外壳部分组成。

测压力差值应将被测的正、负压接嘴与微压计相应接嘴用橡皮导管连接,拨动微调盘,使观察反光镜面上的水准头影与倒影影尖相接,此时在刻度板上读出数值并在微调盘上读取数值,两者之和即为仪器示值读数,被测压差用公式(4.8)确定:

$$\Delta P = \rho \left(1 - \frac{\rho'}{\rho}\right) gh \times 10^{-3} \quad (4.8)$$

其中,ΔP 为被测压差,单位为 Pa;h 为仪器示值读数,单位为 mm;ρ 为检定温度下水密度,单位为 kg/m^3;ρ' 为使用环境温度下空气密度,单位为 kg/m^3;g 为使用地点中立加速度,单位为 m/s^2。

通过测得的压力差值,根据公式(4.9)即可得出测点的风速:

$$\Delta P = 0.5 \cdot \rho' \cdot v^2 \quad (4.9)$$

其中,v 为测点风速。

4.2 地面结冰试验

航空发动机是飞机的推进系统,也是结冰最敏感的部件之一,高空飞行时极易发生结冰问题。发动机高速旋转时,进气道空气处于抽吸状态,由于气流加速使静温下降,更易结冰。在一定的飞行条件和气象条件下,航空发动机的进气部件也会出现结冰现象。一旦发动机进气部件结冰,会改变空气动力特性,增加流动阻力,使进气流场不均,轻则发生气流畸变,影响发动机的工作稳定性;重则导致熄火停车,造成严重后果。如果发动机进气部件结冰,防冰系统开启滞后,还可能造成脱落的冰块被发动机吸入,导致发动机损伤。

为了保证航空发动机及其系统的可靠性,以应对在高空或极其严寒的天气,必须开展针对结冰条件的设计、试验和验证,使发动机能够适应复杂的结冰环境条件。美国和俄罗斯等都非常重视发动机结冰问题研究,均发展了自己的防冰系统设计体系,建设了各种类型的结冰环境模拟设备,开展结冰过程、结冰影响等方面的研究和验证工作,且试验范围、试验段尺寸、测量设备仍在不断完善。

航空发动机结冰试验包括部件结冰试验和整机结冰试验,利用结冰风洞开展部件结冰试验、利用露天台开展整机地面结冰试验、利用高空台开展整机高空模拟结冰试验、利用飞行台或配装的飞机开展整机飞行结冰试验。通过结冰试验研究结冰机理,测试结冰条件对发动机性能的影响,验证发动机防冰系统的功能、性能是否符合设计要求。

4.2.1 结冰过程和影响因素

1. 结冰的物理过程

发动机飞行过程中的结冰现象通常在飞行器穿过含有过冷水滴的云层时发生。此时，飞行环境温度低于冰点(即低于0℃)，过冷水滴撞击到飞行器的迎流表面上，部分或者全部结冰。过冷水滴在结冰过程中释放的相变潜热，会使得飞行器表面的积冰和未结冰表面温度上升并趋于0℃。这种加热作用会被冰与周围环境之间的对流换热所抵消，因此在水撞击区，温度趋于保持平衡。当气流中液态水含量较小且环境温度较低时，积冰温度始终保持在0℃以下，过冷水滴会全部结冰。反之，当气流中液态水含量较高时或者当空气温度略微低于0℃时，积冰的温度趋近于0℃时，只有一部分液态水能在撞击时发生结冰，这是由于对流换热不足以将结冰过程中水凝结为冰时产生的潜热全部抵消。

通常来说，平均有效水滴直径、液态水含量、环境温度等结冰条件是影响结冰过程的主要因素，在上述结冰条件综合作用下，会形成不同的结冰厚度和冰型。为分析方便，结冰过程需要引入冻结系数的概念，冻结系数是指航空器表面上的结冰的水量与撞击在其上的水量之比。当气流中液体水含量低且环境温度也较低(一般温度在-20℃以下)的结冰条件下，结冰冻结系数等于1，此时会产生霜冰，霜冰形状如图4.14(a)所示。霜冰的形成过程比较简单，这是由于水滴在撞击时会直接发生结冰，并且结冰位置就是在水滴撞击位置。霜冰的形状也相对简单，典型的霜冰形状符合空气动力学原理，既能在发动机旋转件上也能在静态部件上。霜冰表面看起来为不透明的乳白色，比较粗糙，这是由冰中含有许多空气造成的。

对于其他结冰条件时，结冰冻结系数会低于1，当温度处于-8~-5℃之间会形成明冰，明冰形状如图4.14(b)所示，明冰是一种透明的、坚硬的冰，在温度接近冰点、液态水含量较高、水滴直径较大的结冰条件下形成。明冰形成过程非常复杂，这是由于水滴撞击区还存在未冻结的液态水，这些液态水会溢流并且在撞击处下游某个位置冻结。明冰中几乎不含空气，看起来是透明的。明冰的形状复杂，通常其立体形状像一个龙虾尾。与霜冰相比，明冰同时具有低的冻结系数和低的附着性两个特点，相比较而言，明冰对静止部件有影响，而霜冰通常对转动部件有影响。

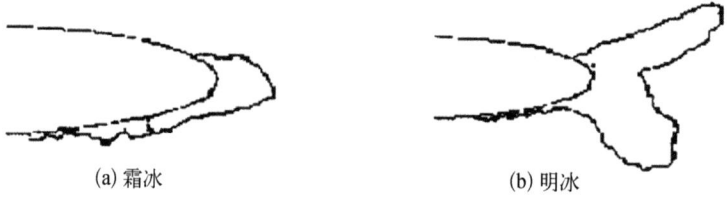

(a) 霜冰　　　　　　　　　(b) 明冰

图 4.14　霜冰与明冰形态区分

当环境温度处于-14~-8℃之间会形成混合冰型,即明冰与霜冰的混合,在水滴撞击的滞止区附近具有明冰形状特质,而在结冰区域的后部会具有霜冰特征,这种冰型表面粗糙不平,又冻结得十分牢固,对流道的形状破坏较大。

在飞行过程中,结冰是一种复杂的现象,其中包含的物理过程至今尚未了解完全。因此,无论是对于发动机设计、适航取证工作,还是提升数值模拟技术,通过试验模拟飞行过程中的结冰条件和结冰过程,研究结冰对发动机的影响十分重要。

2. 影响结冰的主要因素

通常来说,影响结冰类型和结冰量的大小主要有三个方面:一是气象条件,包括环境温度、液态水含量、平均有效水滴直径和云层范围等;二是结冰表面的外形;三是飞行状态,如飞行速度和飞行高度等。从试验的角度,应重点关注第一个方面的影响因素,即营造与发动机飞行气象条件相似的外部环境,同时也需要考虑飞行状态的影响。

地球的对流层是最接近地球表面的一层大气,对流层高度因纬度的不同而不同,在低纬度地区平均为17~18 km,中纬度地区平均为10~12 km,极地地区平均为8~9 km,飞机从起飞到降落都会在对流层内来回穿梭,对流层是大气中最稠密的一层,大气中的大多数灰尘和水蒸气等都存在于对流层,对流层温度随高度增加迅速下降,平均下降速率约6.5℃/km,不同温度下,水蒸气的状态通过蒸发-凝结、融化-冻结、升华-凝华作用而改变,当过饱和状态的空气受到冷却,多余的水蒸气就有凝结的趋势,遇到空气中存在的凝结核,水汽凝结形成无数小水滴,随着温度进一步降低,就可能形成过冷水滴。当飞机遭遇含有过冷水滴的云,就有可能产生结冰现象。

国外通过收集大量的气象资料,形成完善的结冰气象条件标准,FAA根据20世纪40~50年代试验和理论研究制定了一套适用于飞行器结冰大气环境标准,即FAR 25部附录C,被我国引入并参照制定了中国民用航空规章第25部附录C。

从结冰的角度看,所有的云都可分为层云和积云两大类。根据飞行中遭遇的云的液态水含量和云层范围等,可将结冰气象条件分为连续最大结冰条件和间断最大结冰条件:连续最大结冰条件指的是0.9~1.8 km高度上层云中的条件,有较低到中等的液态水含量;间断最大结冰条件指的是1.2~7.3 km高度上积云中的条件,有中等到较高的液态水含量。

连续最大结冰条件如图4.15所示。图4.15(a)为飞行高度和环境温度表示的结冰限制包线,图4.15(a)、图4.15(b)可以确定液态水含量同水滴直径及高度间的相互关系,水平范围32.2 km(约17.4 n mile)以外的连续最大结冰状态的液态水含量,用图4.15(a)的液态水含量乘上图4.15(c)的相应系数来确定。综上可知,连续最大结冰条件的范围可以概括为环境温度范围为-30~0℃,液态水含量范围为0.03~0.8 g/m³,平均有效水滴直径为15~40 μm。

间断最大结冰条件如图4.16所示。图4.16(a)为飞行高度和环境温度表示

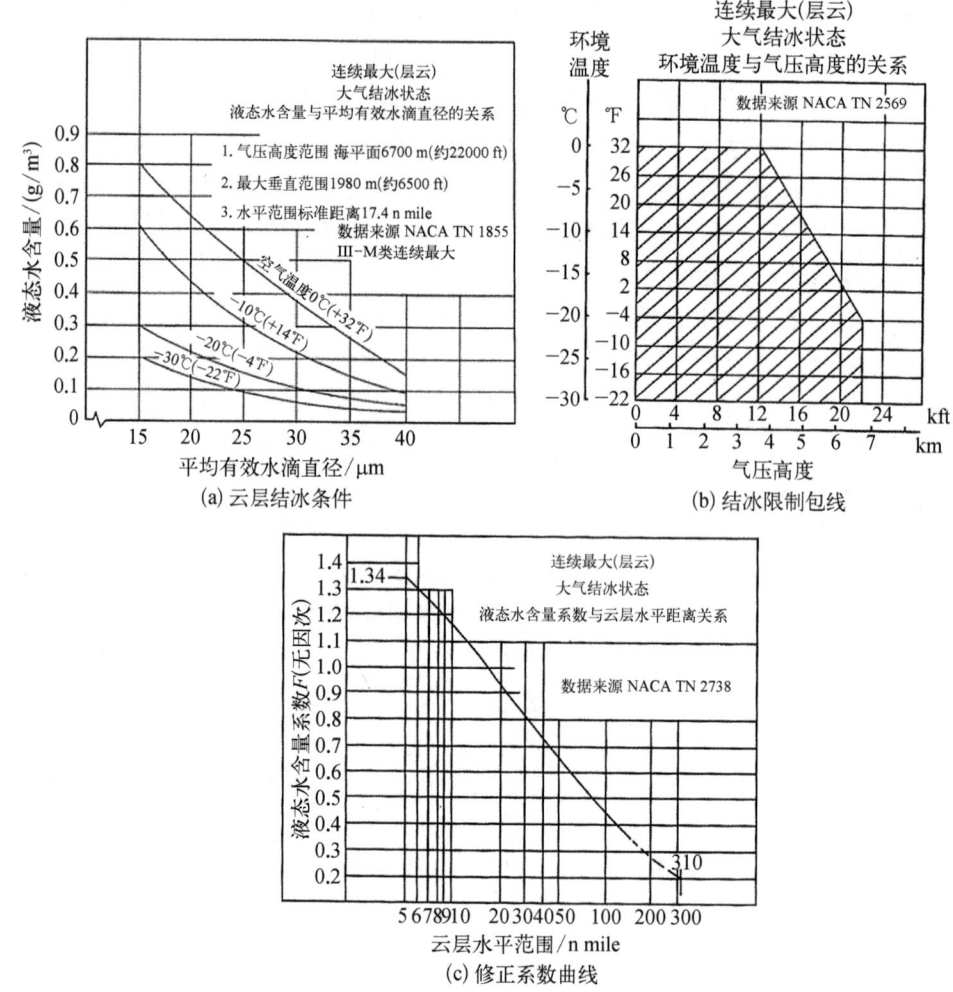

图 4.15 连续最大结冰条件

的结冰限制包线,图 4.16(a)、图 4.16(b)可以确定液态水含量同水滴直径及高度间的相互关系,水平范围 4.8 km(约 2.6 n mile)以外的间断最大结冰状态的液态水含量,用图 4.16(a)的液态水含量乘上本图 4.16(c)的相应系数来确定。综上可知,间断最大结冰条件的范围可以概括为环境温度范围为 $-40 \sim 0\,\mathrm{℃}$($-40 \sim -30\,\mathrm{℃}$ 为虚线阴影区),液态水含量范围为 $0.1 \sim 2.925\, \mathrm{g/m^3}$,平均有效水滴直径为 $15 \sim 50\, \mu\mathrm{m}$。

发动机结冰的危险通常来自飞机在大气飞行中遭遇的结冰环境,通过上述分析可知影响结冰的主要参数如下。

1) 环境温度

环境温度是飞机飞行通过的周围环境温度或静态温度,较低的环境温度是形成过冷水滴的前提,相关的统计数据显示环境温度低于 $-30\,\mathrm{℃}$($-22\,\mathrm{°F}$)时大部分的

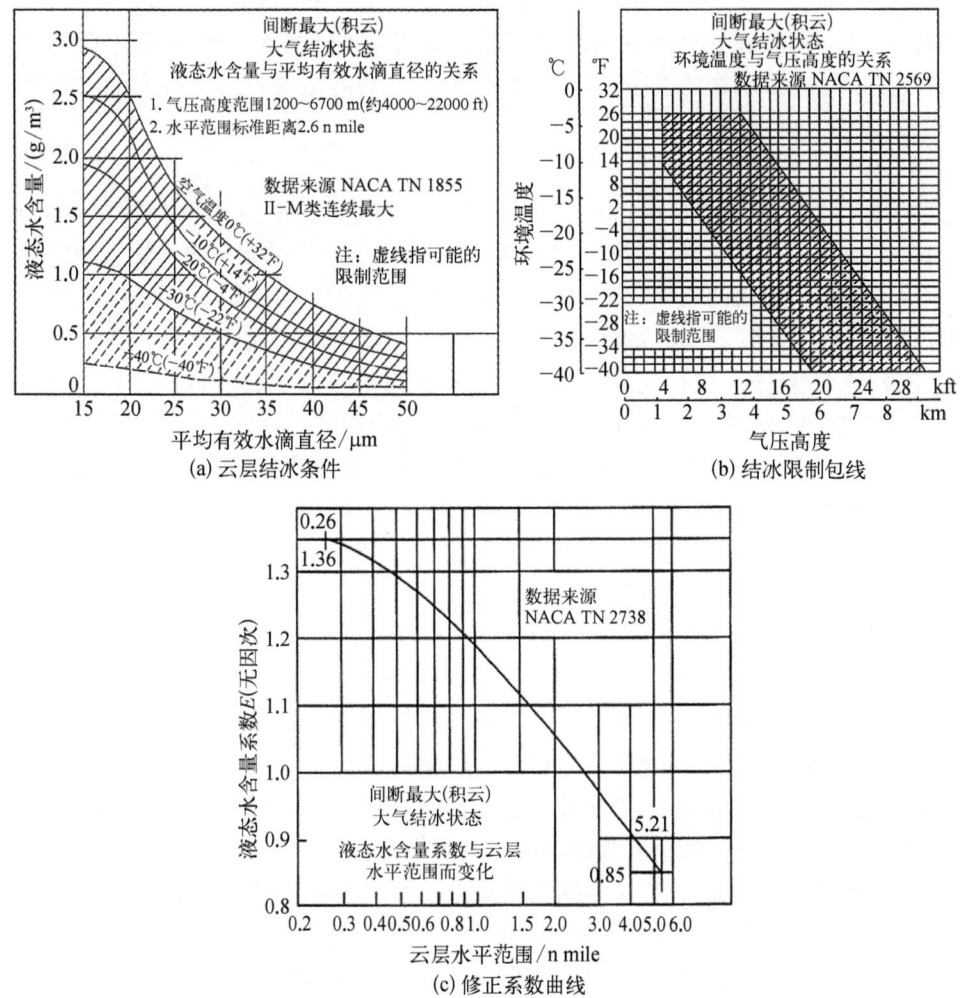

图 4.16 间断最大结冰条件

水滴已经冻结,几乎不会发生结冰危害。另外,对于在低马赫数、高发动机功率条件下飞行的飞机来说,由于发动机的抽吸能力增强,使得进气区域静压力降低,引起相应的温度下降,不仅在环境温度低于结冰温度时会出现典型的结冰条件,在环境温度高于结冰温度时也会出现结冰条件。

2)液态水含量

液态水含量(liquid water content,LWC)是指液态水在发动机进气气流中的浓度,一般以每立方米空气中含有液态水的质量作为评价指标,单位为 g/m^3。液态水含量与云的形成和发展有关,随温度变化很大,不同形式的云层,甚至同一云层中的不同位置,液态水含量也可能有较大的差别。云层中的液态水含量的大小对产生结冰的类型和冰瘤的形状起着重要的作用,随着云层中液态水含量的增大,水在撞击区域冻结的部分会减小,未冻结的水会沿着表面随气流流动,并在下游某个位置发生冻结。云层中的液态水含量越大,单位时间内撞击到发动机表面的水量越多,结冰情况就越严重。

3) 平均有效水滴直径

平均有效水滴直径是指云层内的液滴直径,通常以中位体积直径(median volume diameter, MVD)表示液滴大小,单位为 μm。云层中平均有效水滴直径的大小直接影响结构表面的聚集效率,对于曲率变化平缓的结构表面,粒径小的液滴易随着结构表面的流线偏离原运动方向,具有较大惯性的粒径大的液滴易在结构表面以流线型滑过,所以粒径大的液滴的聚集效率高于粒径小的液滴。对于曲率变化陡峭结构表面,如旋翼叶片前缘那样的尖锐体,特别是极薄的外部前缘,液滴没有更多的时间避开撞击表面,它对所有大小的液滴都有高聚集效率。因此,无论是小液滴或大液滴,都是结冰保护设计应考虑的重要因素。

自然条件下,上述参数的变化范围很大,在一定的参数组合下,会有最大的结冰概率,可得到最大的结冰效果。

4.2.2 结冰试验类型

目前,发动机的结冰研究方法主要为数值模拟研究和试验模拟研究。

发动机结冰的数值模拟研究,主要是通过模拟计算气流气动特性、过冷水滴轨迹和撞击效率、热力平衡和冰产生速度、积冰形状和几何尺寸变化等,分析研究结冰过程。随着计算技术的发展和计算能力的提高,数值模拟研究取得了长足进步,可以合理地预测水的捕获率、水滴撞击极限以及形成冰的形状等,可以更直观地了解结冰过程。由于结冰过程是一种复杂的现象,其中包含的物理过程至今尚未完全了解,数值模拟计算结果的准确性需要与大量结冰试验数据的不断迭代才能提高。因此,结冰试验与数值模拟研究相辅相成、互为补充、互相促进,都对结冰研究有重大的意义。

发动机结冰试验模拟的类型包括冰风洞结冰试验、高空模拟结冰试验、飞行结冰试验和地面模拟结冰试验等,利用上述模拟试验对发动机及其防/除冰系统进行结冰试验测试及验证,同时还可进行各种基础性、开发性和验证性的结冰试验技术研究,深入了解结冰机理,研究各种因素对结冰的影响,不断积累防冰技术数据,从而提高发动机防/除冰系统的设计水平。

1. 冰风洞结冰试验

冰风洞结冰试验是将发动机部件(或系统)安装在冰风洞中进行的结冰试验,主要用于发动机部件(或系统)的防冰/结冰试验验证。冰风洞是一种综合技术含量较高的特种风洞,是研究在结冰环境条件下飞行时,部件(或系统)迎风表面的结冰形态、结冰容限和防/除冰技术的地面试验设备。冰风洞和普通风洞的主要区别是在试验件上游增加了空气制冷系统和喷水雾化系统，以形成低温水雾空气环境，模拟真实飞行时的结冰条件。制冷系统将风洞内空气冷却到试验温度，喷水雾化系统产生试验气流中所要求的液态水含量和平均有效水滴直径等。冰风洞结冰试验与常规风洞试验一样，风洞中的气流品质非常重要，冰风洞除了对气流速度均匀性和模拟高度的要求外，气流温度和水滴还要保持空间上和时间上的均匀性。另外，由于冰风洞中是两相流动，为了掌握冰风洞内的结冰条件参数，需要采用特殊的测量设备对流场中的流动变量进行测量，特别是对水相的测量。

2. 高空模拟结冰试验

高空模拟结冰试验，就是在能够进行发动机高空模拟的试验台中设置喷水雾化系统，利用高空台的低温条件营造结冰环境，开展发动机结冰试验。按通用规范和适航规定中发动机结冰条款要求，发动机环境结冰条件通常用不同压力高度和温度下的液态水含量与平均有效水滴直径的关系来表征，高空模拟结冰试验可满足通用规范和适航规定中结冰条款相关要求，能够保证发动机结冰试验所需的飞行马赫数、压力高度、温度条件以及气流中的液态水含量和水滴直径等的控制。高空模拟结冰试验提供一种可控制、可重复的发动机结冰试验方法，而且不受季节的影响。由于试验台建设和试验运行成本比较高，高空模拟结冰试验存在试验技术复杂、试验周期长、设备建设费用和试验费用昂贵等缺点。

3. 飞行结冰试验

发动机飞行结冰试验方法主要包括自然结冰条件下的飞行结冰试验和模拟结冰条件下的飞行结冰试验。

自然结冰条件下的飞行结冰试验是被将试发动机安装在飞行平台上或配装的飞机上，在自然环境中寻找满足发动机结冰试验的自然环境条件，对被试发动机进行结冰试验测试考核。在自然结冰条件下进行发动机结冰试验是评价发动机防/除冰系统的最佳的试验方法，但由于发动机结冰环境条件通常都是限定在严格的范围内，在实际飞行过程中很难找到与设计状态完全相符合的环境结冰条件，所以自然结冰条件下的飞行结冰试验是一项周期较长、技术复杂的工作。从试验效率、试验成本和试验安全性三方面看，自然结冰条件下的飞行结冰试验存在很大的缺点，同时在结冰试验过程中不易对相关试验参数进行控制和监视。因此，只有在对一新机种最终测试验证时，才有可能选择进行自然结冰条件下的飞行结冰试验。

在自然环境中寻找满足结冰试验要求的自然结冰气象条件比较困难，因此，采用人工模拟结冰条件进行飞行结冰试验是解决发动机防/除冰系统试验测试及验证的有效手段。模拟结冰条件下的飞行结冰试验一般采用两种形式，一种是在飞行平台自身加装模拟自然结冰气象条件的设备进行飞行结冰试验，即在被试发动机进气口前端位置加装喷水雾化系统，在满足温度条件的大气中对被试发动机进行结冰试验测试及考核;另一种是将被试发动机安装在飞行平台上,结冰试验用的喷水雾化系统安装在另一架飞机上,飞行平台尾随在安装有喷水雾化系统的飞机后方,在满足试验温度条件的大气中对被试发动机进行结冰试验测试及考核。与自然结冰条件下的飞行结冰试验相比,模拟结冰条件下的飞行结冰试验虽然试验效率有所提高,试验成本有所降低,但试验安全性方面并未得到有效的改善。

4. 地面模拟结冰试验

鉴于发动机整机的结冰试验模拟的复杂性和试验要求的多样性,在长期的发动机结冰技术研究实践中发展出了多种发动机整机的结冰试验方法。除了飞行结冰试验和高空模拟结冰试验外,还包括了发动机整机地面结冰试验,这些结冰试验方法在发动机结冰试验研究中互为验证和补充,充分发挥各自的优势。发动机地面结冰试验主要利用自然低温环境条件开展结冰试验,试验时将发动机安装在露天试车台上,通过地面结冰试验设备在发动机进气截面前端形成结冰雾化环境,保证发动机进气气流中的结冰环境条件(即气流中的液态水含量和平均有效水滴直径等参数)满足相关标准规范的要求。发动机地面模拟结冰试验包括直连式地面结冰试验和自由射流式地面结冰试验。

选择常年大气温度较低、满足结冰试验温度要求的窗口时间较长的地区,如纬度较高的北方,建设结冰试车台,具有试验费用低、结冰参数易控制等优点。

4.2.3 结冰试验要求

1. 适航规章结冰试验的要求

《航空发动机适航规定》(CCAR-33-R2)中"第33.68条 进气系统的结冰"的内容如下。

"在所有防冰系统工作时,每型发动机必须满足下列要求:

(a) 在中国民用航空规章第25部附件C中规定的连续最大或间断最大结冰状态下,发动机在其整个飞行功率范围(包括慢车)内的工作中,在发动机部件上不应出现影响发动机工作或引起功率或推力严重损失的结冰情况。

(b) 在临界状态进行引气防冰时,地面慢车30分钟,不出现不利影响,此时大气的温度在-9℃~-1℃之间(15°F~30°F之间),每立方米含液态水不少于0.3克并且以平均有效直径不小于20微米的水珠形式存在,接着发动机以起飞功率或推力进行短暂的运转。在30分钟慢车运转期间,该发动机可以以中国民用航空局接受的方式周期性地加速运转到中等功率或推力调定值。"

条款(a)中确定了发动机应在《运输类飞机适航标准》(CCAR-25-R4)附录C中规定的连续最大结冰条件和间断最大结冰条件(分别见图4.15和图4.16)开展发动机结冰试验,实质是确定发动机应适应结冰环境的能力,使其在规定的结冰环境条件下安全运行,且必须通过试验来验证发动机在整个飞行功率范围内工作时,发动机部件上不会出现可能造成不利影响的结冰。条款(b)主要对应发动机处于地面慢车状态,考虑在冰雾天气开启防冰系统时,飞机可能在很长一段时间里停在跑道上等待起飞,此时引气防冰能保证发动机稳定运转。

2015 年美国联邦航空管理局(FAA)发布的国际新版适航规章中的结冰条款对民用航空发动机应适应的结冰环境进行了更新,对航空发动机适航审定中结冰环境的符合性验证提出了更高要求。新版适航规章的结冰条款内容主要新增了过冷大水滴结冰条件、混合相结冰条件和冰晶结冰条件下发动机运行要求,并且通过表格形式给出了发动机结冰条件要求。

根据适航规章要求,发动机需要满足三种结冰条件的要求:

(1) 来源于 25 部附录 C:适航规章中规定发动机需要保证在附录 C 的结冰条件下,在整个飞行推力范围内,不形成对发动机运行不利的积冰,其中包括不可接受的持续或者短暂推力损失、排气温度升高等,明确规定了需要在附录 C 条件下开展的试验要求,其中明确提出的必须通过发动机试验验证的试验状态,这些试验状态的进口总温范围为 $-23 \sim -1$°C、液态水含量为 $0.25 \sim 2$ g/m³、平均有效水滴直径为 $15 \sim 35$ μm,按照目前开展整机地面结冰试验的方法,温度、液态水含量和平均有效水滴直径等参数都可以满足附录 C 结冰条件相关的试验要求。

(2) 来源于 25 部附录 O:大水滴试验条件,过冷大水滴结冰条件依据直径分布不同,分为微冻雨和冻雨两部分,水滴直径大于 100 μm 的水滴。适航规章中明确规定需要开展试验的过冷大水滴结冰条件为最小 100 μm 明冰条件。

(3) 来源于 33 部附录 D:混合相和冰晶试验条件。冰晶的质量尺寸 MMD 范围 $50 \sim 200$ μm。适航规章中明确规定需要开展试验的冰晶的质量尺寸为最小 100 μm 降雪条件。

新版适航规章中明确提出了发动机结冰试验项目,具体如表 4.1 所示,表中序号 13 和序号 14 项试验项目可以通过试验、分析或两者相结合的方式证明条款符合性。

表 4.1 适航规章直接规定的试验项目

序号	发动机推力等级	结冰条件类型	进口总温/°C	总水含量/(g/m³)	平均有效直径/μm	持续时间
1	进近慢车	明冰	$-6 \sim -4$	2	$25 \sim 35$	10 min
2	50%最大连续	明冰	$-6 \sim -4$	2	$25 \sim 35$	A
3	75%最大连续	明冰	$-6 \sim -4$	2	$25 \sim 35$	A
4	100%最大连续	明冰	$-6 \sim -4$	2	$25 \sim 35$	A

续 表

序号	发动机推力等级	结冰条件类型	进口总温/℃	总水含量/(g/m³)	平均有效直径/μm	持续时间
5	进近慢车	霜冰	−23~−18	1	15~25	10 min
6	50%最大连续	霜冰	−23~−18	1	15~25	A
7	75%最大连续	霜冰	−23~−18	1	15~25	A
8	100%最大连续	霜冰	−23~−18	1	15~25	A
9	空中保持	明冰	−12~−8	交替循环：1.7(1 min) 0.3(6 min)	20~30	A 或最大 45 min
10	空中保持	霜冰	−23~−18	0.25	20~30	A 或最大 45 min
11	地面慢车	霜冰	−18~−9	0.3	15~25	至少 30 min
12	地面慢车	明冰	−7~−1	0.3	15~25	至少 30 min
13	地面慢车	降雪	−3~0	(冰)0.9	100(min)	至少 30 min
14	地面慢车	大液滴明冰	−9~−1	0.3	100(min)	至少 30 min

注：表中 A 代表"直到表明稳定的运行能力"。

2. 通用规范对结冰试验的要求

《航空涡轮喷气和涡轮风扇发动机通用规范》(GJB 241A-2010)中要求发动机应能在结冰条件下满意地工作，在大于 50%最大连续推力状态的所有工作状态下，其总推力损失不应超过可达到推力的 5%，耗油率增加不应超过 5%。在低于 50%最大连续推力的工作状态时，在规定的加速时间以内，其推力也应达到相应状态所要求推力的 95%。在结冰条件终止后，发动机应当保持性能不恶化。上述要求需通过环境结冰试验予以验证。

GJB 241A-2010 中规定的发动机环境结冰条件如表 4.2 所示。

表 4.2 海平面防冰条件

条 件	第一部分		第二部分	
发动机进口总温	−20℃±1℃	−10℃±1℃	−5℃±1℃	−5℃±1℃
速度	0~110 km/h	0~110 km/h	0~110 km/h	0~110 km/h

续 表

条　件	第一部分		第二部分	
高度	0~150 m	0~150 m	0~150 m	0~150 m
平均有效水滴直径	20 μm	20 μm	20 μm	30 μm
空气中液态水的含量(持续)	1 g/m³±0.25 g/m³	2 g/m³±0.25 g/m³	2 g/m³±0.25 g/m³	0.4 g/m³±0.1 g/m³

《航空涡轮螺桨和涡轮轴发动机通用规范》(GJB 242A-2018)针对航空发动机的结冰试验要求,与 GJB 241A-2010 规定的内容基本一致。

按通用规范要求,军用航空发动机均须按表 4.2 所列的海平面防冰条件和条款中明确给出的发动机工作状态点和结冰试验程序开展发动机结冰试验。

通用规范和适航规定对发动机结冰试验要求的内容基本相同,即发动机工作状态和工作时间、结冰环境条件(进口总温、平均有效水滴直径、液态水含量等)。

4.2.4　结冰环境条件模拟

开展地面结冰试验,根据不同的发动机类型,应遵循不同的标准规范,开展不同的试验项目。在遵循标准规范的同时,也应结合发动机型号规范及其自身的工作特性和研制特点对标准规范进行裁剪和补充,如国外某发动将试验温度确定在 $-13.2 \sim -3.6$℃之间、液态水含量确定在 $0.35 \sim 2.45$ g/m³ 之间。

开展发动机结冰试验主要从两个方面考虑,一方面是发动机的试验工作状态和持续时间,另一个方面是发动机所需的结冰环境条件,也就是试验设备需要模拟的结冰环境条件,仅就地面结冰试验来说,目前通用的试验方法是利用自然低温气候条件并配套相应结冰试验设备,模拟含有过冷水的云层条件,因此,在结冰环境条件方面主要考虑环境温度、平均有效水滴直径、液态水含量等因素。

1. 环境温度

适航规章中明确提出的必须通过发动机试验验证的结冰试验项目中的进口总温范围为 $-23 \sim -1$℃,而通用规范在建议开展结冰试验的进口总温范围为 $-21 \sim -4$℃。

发动机地面结冰试验的环境温度条件完全依赖于试验设备所处地区的气候条件,有时环境温度条件并不能完全满足标准规范对结冰试验的要求,需要通过分析计算环境温度条件对结冰试验的影响,以确定不同发动机表面温度上冰的增长速度是否相当,分析计算需要比较不同环境温度条件下,撞击型面(叶片、整流罩或分流环)对水滴捕获率的影响,从而确定结冰情况是否存在明显差异。

2. 平均有效水滴直径

平均有效水滴直径是地面结冰试验的重点控制参数之一,通常在 15~50 μm 之间,在积云和层云中,平均有效水滴直径与液态水含量的总体关系类似为水滴直径越小,水含量越高,具体分布可参考图 4.15 和图 4.16 给出分布曲线,根据飞行过程中遭遇的云层类型,确定地面模拟试验中平均有效水滴直径的要求。

结冰试验台通常利用空气雾化喷嘴将水雾化为结冰试验要求的雾化水滴,空气雾化喷嘴产生的水滴尺寸分布与在自然云层中观察到的是定性一致的。图 4.17 是自然云层中的水滴尺寸分布和结冰试验台内观察到的水滴尺寸分布的比较。可以看出,自然环境和人造环境的最大的质量分数都是出现在质量中位直径附近。

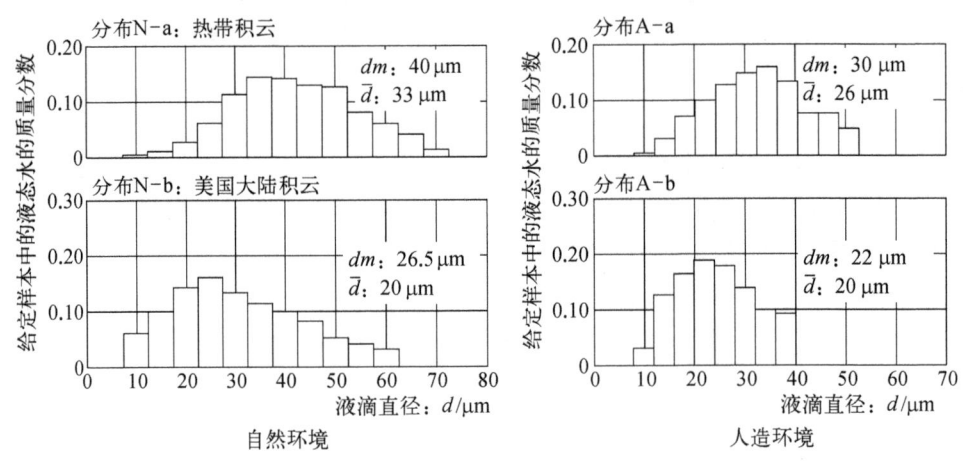

图 4.17 人造环境水滴直径分布与自然环境对比

这里需要特殊进行说明的是大水滴条件。FAR-25 的附录 O 提出大水滴的直径大于 100 μm。从目前了解的国外相关信息表明,结冰模拟试验也只达到了 150 μm,可见大水滴结冰条件模拟试验存在较大难度。目前,国内外在冰风洞中开展大水滴结冰试验研究中,都遇到大水滴沉降和不易过冷两个问题,由于大水滴的直径较大,必须考虑其自身重量带来的运动过程中沉降的问题(如试验段垂直),大水滴的沉降会造成进口结冰参数分布不均匀、试验通道内壁局部严重积冰等问题,无法保证试验参数指标。由于大水滴的直径较大,从空气雾化喷嘴喷出的水滴温度较高,到达试验件进口时,大水滴可能无法达到过冷状态,从而影响结冰试验的效果。

3. 液态水含量

同平均有效水滴直径一样,液态水含量也是结冰试验环境条件的主要指标之一。通过图 4.15 和图 4.16 也可以获得不同海拔下,云层中液态水的分布情况,从而根据云层类型确定液态水含量的和试验时间的要求。适航规章中规定的最大液态水含量为 2.95 g/m³,直接规定的试验项目中的液态水含量为 $0.25 \sim 2$ g/m³,通用规范中直接规定的试验项目中的液态水含量为 $0.3 \sim 2.25$ g/m³。发动结冰试验时通常在上述液态水含量范围内开展结冰试验,同时也需要考虑特定海拔下层云和积云交替出现的情况,例如表 4.1 适航规章规定的结冰试验项目的序号 9 试验状态点,就要依据发动机的使用情况和飞机的工作特点,在型号研制规范中进行特殊的规定,同时在结冰试验设备模拟结冰环境时,应重点关注这种试验点的可实现性。

结冰试验台通常利用空气雾化喷嘴将水雾化为结冰试验要求的雾化水滴,一定质量的雾化水滴与气流混合形成结冰试验要求的液态水含量,发动机进气气流中液态水含量的设定主要考虑液态水体积值和空间分布均匀性两个因素。在进行发动机地面结冰试验时,雾化水滴在空气雾化喷嘴处形成,雾化水滴随气流一同向发动机进口截面运动,由于水滴运动惯性的作用,水滴在试验通道变径区域不能完全跟随空气流线,可能存在水滴撞击试验通道内壁的情况,从而造成进入发动机的液态水含量会发生变化,因而在进行液态水含量参数设定时,应考虑上述因素的影响,避免因气流中的液态水含量变化而影响发动机结冰试验的效果。

4. 环境风速

环境风速是指发动机进气道外部环境的气流速度,即模拟飞机的飞行速度,飞行速度实际上是影响发动机进气流场的包线范围,进而影响发动机吸入气流的液态水含量。

开展发动机地面结冰试验时,应考虑发动机实际进气包线对吸入气流中的液态水含量的影响。在美国阿诺德工程发展中心(Amold Engineering Development Center,AEDC)对发动机结冰条件模拟的深入研究表明,发动机的进气包线对液态水含量的影响在已经得出了较明确的结果,结冰试验时有必要考虑发动机进气道或整流罩对涡轮发动机压气机正面的影响,特别是压气机正面结冰条件很少与自由流存在的结冰条件相同。在飞行过程中,进入发动机的气流通常依据自由流条件或被加速或被减速。如果发动机需要的空气流量少于飞行状态可以提供的空气流量,在进气道周围会发生溢出情况,尽管液滴有跟随气流的趋势,但是液滴的动量会阻止它们完全跟随气流的流线运动,导致液滴进入发动机的路径是一个略呈弹道的路径,从而造成进入发动机的液态水含量相比自由流增加;如果发动机需要的空气流量多于飞行状态可以提供的空气流量,发动机会吞咽更大范围空气,但是液滴同样不会完全跟随气流的流线运动,从而造成进入发动机的液态水含量相比自由流减少。涡轮发动机在飞行过程中可能存在的进气包线如图 4.18 所示,图

4.18(a)主要描述进气道气流速度小于飞行速度引起的压缩机截面液态水含量大于自由流的情况。图 4.18(b)主要描述进气道气流速度大于飞行速度引起的压缩机截面水含量少于自由流的情况。

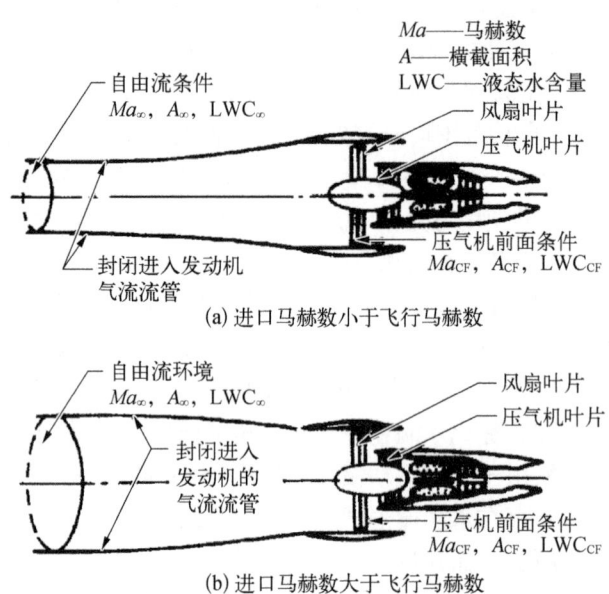

图 4.18 用于涡轮发动机结冰试验的进气包线简图

通用规范的结冰试验条件中提及了速度范围 0~110 km/h,而适航规章并未将其作为必要的试验要求。考虑到飞机高速滑行时会比静止吸入更多的过冷水滴,因此,可以采用增加液态水含量的方式满足速度要求,实现起来更加经济和便捷。

5. 冰晶混合

在 FAR-33 的附录 D 中提出了混合相和冰晶结冰条件。适航规章中对该结冰条件的规定是可以通过试验、分析或者两者结合的方式来证明发动机的符合性。

从附录 D 的相关要求可以看出,混合相和冰晶结冰条件中提及了总水含量(total water content,TWC)的概念及其与飞行高度等参数的关系,但并未明确规定混合相各组分的比例关系,冰晶的质量尺寸 MMD 也仅给出了 50~200 μm 范围,因此附录 D 混合相和冰晶结冰条件的具体参数并不明确。

从国外已有的报道来看,制作模拟的冰晶主要有两种方式,一种是采用研磨冰方式,另外一种是液氮直接冷却过冷水滴的方式。而试验环境则基本采用结冰风洞或者高空台试验设备。目前只有 NASA 的 PSL-3 高空台开展过冰晶结冰试验,尚未见有公开报道采用地面结冰试验设备开展冰晶试验。

6. 环境湿度

标准规范对发动机结冰环境条件的要求中,并未对大气相对湿度条件制定相关的要求,但在真实结冰云层中,大气中的水蒸气已经达到了饱和状态,大气相对湿度为100%。而发动机模拟结冰试验通常在地面自然环境中开展,较低的大气相对湿度会使注入气流中的液态水出现蒸发的情形,从而导致气流中的液态水含量和平均有效水滴直径出现较大波动。相关的研究结果表明,当大气的相对湿度大于70%时,能够有效抑制气流中小水滴的快速蒸发,这样使得小水滴能够在云层中稳定存在。在相同的大气湿度条件下,气流速度越高导致液态水的蒸发量越大,由于气流中的水滴蒸发而引起的液态水含量降低可通过补充液态水进行平衡。所以在进行发动机模拟结冰试验前,应该对各试验状态的液态水蒸发量进行充分评估,并在试验时增加相应的液态水进行修正,以保证发动机结冰试验的效果。

4.2.5 地面结冰试验方法和流程

1. 地面结冰试验方法

发动机地面结冰试验可分为直连式和自由射流式,两种结冰试验方法均利用北方自然低温环境条件开展发动机地面结冰试验。

直连式地面结冰试验时,将结冰雾化设备的进气筒体与发动机入口直接相连,在进气筒体内利用喷水雾化装置将水雾化为微小水滴,微小水滴与发动机进气混合形成结冰雾化气流,雾化气流直接被发动机吸入。通过对进气筒体的合理设计,可避免水滴在筒体内壁结冰,使水滴全部进入发动机进气道。通过对雾化系统的合理设计,可依据发动机的运行状态和大气环境条件,实现液态水含量、平均有效水滴直径及液态水分布均匀性、液滴温度等的精准控制,从而实现结冰条件的准确模拟。直连式地面结冰试验方法主要用于发动机内流道的防结冰能力测试与试验验证,以及结冰环境条件对发动机性能影响的试验验证。加拿大国家研究委员会(NRC)通过与普·惠、罗·罗的合作,MDS建立了全球唯一的直连式地面结冰试车台,开展了大量的结冰模拟和测试工作,得到了良好的认可。

自由射流式地面结冰试验时,利用风源装置在发动机前方形成一定风速的气流,在发动机进气截面与风源装置排气出口截面之间安装喷水雾化装置,通过风源装置与喷水雾化装置匹配,在发动机进气截面前形成雾化气流,一部分雾化气流被发动机吸入,还有一部分雾化气流扩散到发动机周围的大气中。自由射流式地面结冰试验主要用于发动机、短舱系统或发动机与短舱系统组合的防冰能力测试与验证试验。美国通用电气公司建设有多个自由射流式地面结冰试车台,其试验方法和结果也获得了世界各大发动机制造商的认可,相关发动机在自由射流式地面结冰试车台完成了适航取证。

2. 地面结冰试验流程

发动机地面结冰试验涉及结冰环境和发动机状态的确定,参与的设备多,受环境条件影响大,试验过程复杂,主要流程可分下述7个过程。

1) 试验方法确认

不同的结冰试验方法对应不同结构形式的结冰试验设备,该阶段需要明确开展结冰试验的试验方法、明确试验参数、明确结冰试验工艺流程,并根据试验方法配置相应的结冰试验设备。无论使用何种结构形式的结冰试验设备,均需能够再现结冰条件,模拟发动机飞行时所遭遇的真实结冰环境,从而实现对发动机适应结冰环境能力的考核。

2) 试验程序确定

发动机结冰试验程序主要依据适航标准、通用规范和型号规范等要求确定,试验程序的确定应充分考虑结冰试验设备的功能是否实现其要求。结冰试验设备的设计需依据上述相关标准规范中给出的标准结冰试验点和试验程序开展,并在结冰试验设备调试时,对上述结冰试验点和试验程序开展调试验证,保证结冰试验设备的功能、性能符合试验要求。

3) 发动机状态标定

进行发动机结冰试验时,由结冰试验设备依据发动机工作状态点的空气流量形成的结冰条件参数,发动机各工作状态点的空气流量,决定着结冰设备运行参数的控制。因此,在结冰试验前,发动机应在结冰试验点的进气条件下开展各工作状态的标定,通过发动机状态标定,掌握发动机各工作点的空气流量等参数。

4) 试验设备参数标定

由于结冰试验设备形成的结冰条件参数及液态水分布随气流运动过程中会发生变化,必须开展结冰试验设备的标定,对结冰试验设备的工作喷嘴数量和水气压参数进行有效控制,才能保证发动机进口截面的液态水含量、液态水分布均匀性、平均有效水滴直径等参数。结冰试验设备参数标定是发动机开展结冰试验的前提,只有通过参数标定,才能认为其模拟的结冰条件参数是准确的、符合标准条件规范要求的,才能投入试验验证使用。

5) 试验设备初步运行参数设定

进行发动机结冰试验时,结冰试验设备需要短时间内形成标准规范要求的结冰条件参数,一方面是保证结冰试验的准确性,同时也是为了减小发动机等待时间,减小试验成本。为实现上述目标,在结冰试验设备调试阶段,需根据结冰试验程序、发动机工作状态和结冰条件参数等要求,可确定结冰试验设备在试验状态点的初步运行参数,待正式试验时,将初步运行参数快速切换至试验状态参数,初步运行参数的设定方法需在试验设备参数标定试验时进行符合性验证,试验状态点的初步运行参数设定在一定程度上可提高试验效率。

6) 发动机试验过程

根据发动机试验程序,拟定开展结冰试验验证工作。

对于发动机运行状态,民用发动机试验运行状态包括但不限于地面慢车、进近慢车、空中保持、50%最大连续、75%最大连续和100%最大连续等;军机试验运行状态包括但不限于地面慢车、25%最大连续、50%最大连续、75%最大连续和中间状态等。与发动机运行状态相对应,结冰试验设备的运行状态需根据发动机的结冰条件参数进行控制,并根据实时监控的结冰条件参数,对结冰试验设备的运行状态进行修正,以确保发动机进口截面的结冰条件参数符合要求。

发动机的运行状态控制及运行参数数据采集由试车台架完成;结冰试验设备的运行状态控制及运行参数数据采集由设备自身完成,试验过程中须确保两者运行状态的匹配性。

在发动机结冰试验过程中,须全程监控和录取发动机进口截面的结冰条件参数数据,及时确认试验参数的准确性,以确保结冰试验的有效性。

7) 试验数据分析

结冰试验完成后,发动机和结冰试验设备均需根据录取的试验数据开展数据分析工作。发动机试验数据分析主要明确试验过程中性能参数变化,评判发动机性能是否满足设计要求;试验设备数据分析主要明确试验过程中结冰条件参数变化,评判试验设备是否满足结冰试验要求,同时通过试验设备数据分析掌握其运行状态与结冰条件参数的对应关系,为后续结冰试验积累试验数据。

4.2.6 地面结冰试验设备

发动机结冰试验的进气环境条件需达到零下二十几摄氏度甚至更低的温度条件,为达到低温环境试验条件,往往需要耗费较大的试验设备投资,采用空气制冷设备对发动机进气进行冷却,由于发动机整机的空气流量较大,空气制冷设备不但前期投资成本高,而且在后期的使用过程中存在运行功率消耗大、维修维护成本高等缺点。因此,为减少结冰试验相关设施的建设和试验成本,发动机地面模拟结冰试验通常在具有自然低温环境条件的露天试车台上开展。

根据发动机地面结冰试验方法,可将发动机地面结冰试验设备分为直连式结冰试验设备和自由射流式结冰试验设备。两种结构形式的结冰试验设备均已投入运行,都可以满足发动机地面结冰试验的需要。

1. 直连式结冰设备

MDS建设的GLACIER地面结冰试车台是典型的直连式结冰试验设备。建设地点选择在加拿大马尼托巴省的Thompson的主要因素为其低温环境及持续的时间。该地区平均每年零摄氏度以下温度的天数在250天以上。

GLACIER地面结冰试车台的入口直径25 ft(7.62 m)、进气筒体长度83 ft(约25.3 m)、中心高25 ft(7.62 m),试验发动机的推力能力可达到150 000 lb(约68 000 kg)。GLACIER地面结冰试车台的结构布局如图4.19所示。GLACIER地面结冰试车台的进气筒体内设置雾化系统,利用空气雾化喷嘴将水雾化成微小颗粒,雾化水滴的尺寸大小主要由水压和气压匹配控制,雾化水滴喷射到发动机进气气流中,随气流运动过程中温度逐渐降低,最终形成发动机结冰环境条件。

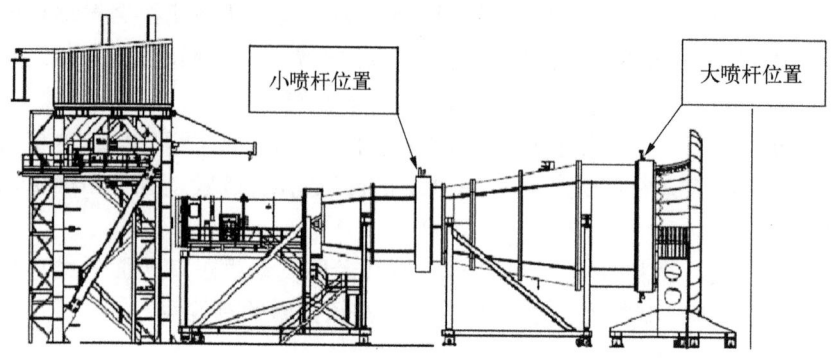

图 4.19　GLACIER 地面结冰试车台

GLACIER 地面结冰试车台的能力指标如表 4.3 所示。

表 4.3　GLACIER 地面结冰试车台试验能力

结冰环境	特征参数	参考依据	试验能力满足情况
连续最大结冰	0.1~1.1 g/m³ 15~40 μm 0~−30℃	FAR 25 附录 C	满足
间断最大结冰	0.1~3.8 g/m³ 15~40 μm −40~−3℃	FAR 25 附录 C	满足
地面结冰	>0.3 g/m³ >20 μm −9.4~−1℃	FAR 33.68b	满足
冰雹雨	直径 25 mm 直径 50 mm	FAR 33.78(1) FAR 33.78(2)	满足
过冷大液滴	100~500 μm 接近冰点温度	FAR 33 附录 X	最大到 150 μm
冰晶混合物	0.3 g/m³ 0.2~5 g/m³	FAR 33 附录 X	待决策

该设备建设的最大挑战在于,设计更小尺寸的设备来满足更大规模发动机试验的需求,即在发动机试验需求与设备建设规模上的权衡。露天试验设备的主要

难题是在-25℃条件下,保证各系统可稳定运行,并且在不运转时可暴露在-50℃条件下。通过该设备的建设,MDS建立了喷杆系统的设计标准,包括气体流通能力、水和空气控制参数、供气需求、喷嘴类型、喷嘴间距、喷嘴校准、喷杆加热、流动阻塞、水滴尺寸范围、液态水含量、湿度修正、运行温度范围和喷射均匀性等。设计标准、建设经验、调试经验均可以指导、帮助后续开展相关的设计工作。

2. 自由射流式结冰试验设备

典型的自由射流式地面结冰试车台是通用的 TRDC 试车台。自由射流式地面结冰试车台主要由发动机试车台架、风源装置和雾化系统等组成,雾化系统安装在发动机试车台架与风源装置之间,进行结冰试验时,风源装置与雾化系统匹配工作,发动机处于结冰环境的气流中,如图 4.20 所示。

图 4.20 GEnx 正在 TRDC 试车台开展结冰试验

该试车台耗资 5 000 万美元,在加拿大温尼伯建设了一座航空发动机测试与研发中心(Testing,Research and Development Centre,TRDC),占地 11 000 多平方米,可以进行极端寒冷条件下的发动机地面结冰试验。该设备的风源装置由 7 台大功率的风扇组成,可形成 104 km/h(约为 29 m/s)的风速,如图 4.21 所示。该试车台可以满足 GEnx 1 270 kg/s 空气流量的地面结冰试验要求。

3. 雾化系统

无论对于自由射流式结冰试验设备,还是对于直连式结冰试验设备,雾化系统都是其关键的组成部分,发动机结冰环境中的平均有效水滴直径、液态水含量、液态水分布均匀性等参数均由雾化系统的性能指标决定,因此雾化系统的性能指标直接影响结冰试验设备的试验能力。在雾化系统设计时,应充分考虑气流中液态水含量和

图 4.21　TRDC 试车台风源照片

平均有效水滴直径由于沿程蒸发而产生变化的情况,通过增加额外的液态水量、改变喷射水滴直径等措施进行补充修正,以保证雾化系统的性能指标能够满足试验要求。

雾化系统通常采用空气雾化喷嘴实现液态水的雾化,空气雾化喷嘴安装在雾化喷杆上,由雾化喷杆向空气雾化喷嘴提供液态水介质和雾化空气,液态水介质和雾化空气在雾化喷嘴主体内混合喷出,通过调节供水压力和供气压力可以控制喷嘴出口的平均有效水滴直径和液态水流量等喷射参数。为了保证发动机进气气流中液态水分布的均匀性,雾化系统内的空气雾化喷嘴通常采用均匀布置方式,空气雾化喷嘴布置如图 4.22 所示,并且保证无论是空气雾化喷嘴全部开启工作还是部分开启工作,相邻开启工作的空气雾化喷嘴的间距都是一个等边三角形。进行发动机环境结冰试验时,雾化系统中工作喷嘴的数量可根据发动机空气流量和空气中液态水含量等参数进行匹配,考虑发动机结冰均匀性问题,雾化系统应优先保证工作喷嘴的数量,通过调节工作喷嘴的流量满足试验要求,当无法通过调节喷嘴流量满足气流中低液态水含量的要求时,再通过减少工作喷嘴的数量满足要求。

为适应低温环境条件,避免雾化喷杆内的供水管路产生结冰现象,雾化喷杆主体内除了设计雾化供水通道和雾化供气通道外,还应设计有保温供水通道,利用热循环水系统进行雾化喷杆的保温防冻。雾化喷杆的保温供水通道两端分别与热循环水系统的供回水管路连接,通过调节热循环水温度和流量实现雾化喷杆的保温防冻,保证雾化喷杆在低温环境下安全可靠地工作。同时,雾化系统设计时应考虑在结冰试验完成后供水管路内的残余水处理问题,通常利用热压缩空气对供水管路和雾化喷杆的供水通道进行吹扫,将供水管路和雾化喷杆内腔的残余水量清空,防止供水管路和雾化喷杆产生结冰问题,雾化系统工作原理如图 4.23 所示。

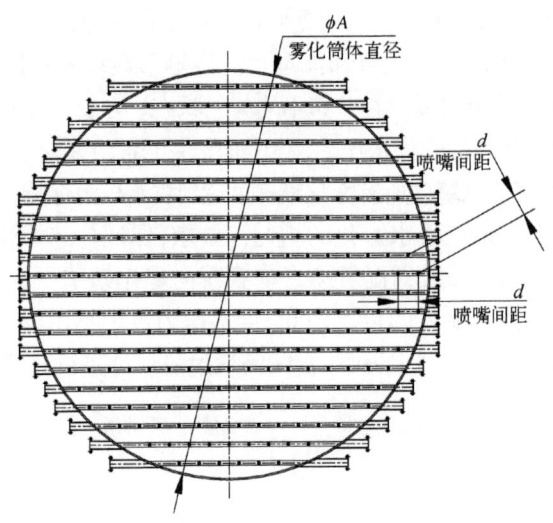

图 4.22 空气雾化喷嘴布置示意图

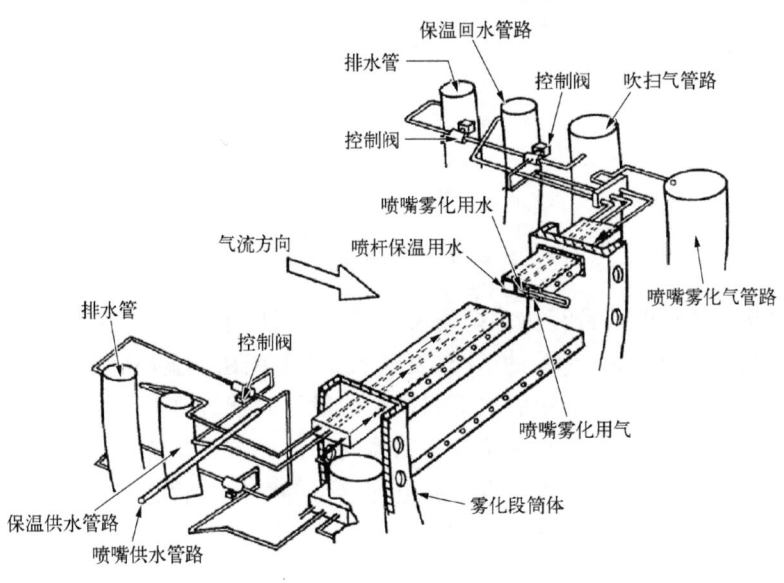

图 4.23 雾化系统工作简图

4. 供水系统

对于发动机结冰试验设备,尤其是用于大型民用发动机的结冰试验设备,其雾化系统的结构尺寸较大,从而导致各组雾化喷杆沿雾化系统高度方向存在较大的高度差,在未考虑消除液压头影响的情况下,即雾化系统由一台水泵供水,并且通往各组雾化喷杆的支路无调节阀控制的情况,则雾化系统顶部的雾化喷杆与底部的雾化喷杆的供水压力可能存在较大的压力差,该压力差对于雾化喷嘴在低压力状态工作时影响较大,可能出现顶部喷嘴工作压力是底部喷嘴工作压力的一倍的情况,由于雾化喷嘴在不同工作压力下的雾化粒径和液态水流量等参数均不相同,从而导致气流中液态水含量在雾化系统出口就存在分布不均匀的状态。在供水系统设计时,应重点关注雾化系统内各组雾化喷杆的供水压力调节问题,保证各组雾化喷杆的供水压力可进行独立调节,以满足雾化系统内所有雾化喷杆可达到供水压力保持一致的工作状态。

因此,为满足雾化系统喷水雾化的均匀性要求,保证各组雾化喷杆上的喷嘴的供水压力保持一致,供水系统需配置多台变频泵向雾化系统供水,每台变频泵对应一组雾化喷杆,每组雾化喷杆的供水流量、供水压力可根据不同试验状态的结冰条件参数要求进行设定,每组喷杆的供水流量需通过流量计进行监测,如图4.24所示。

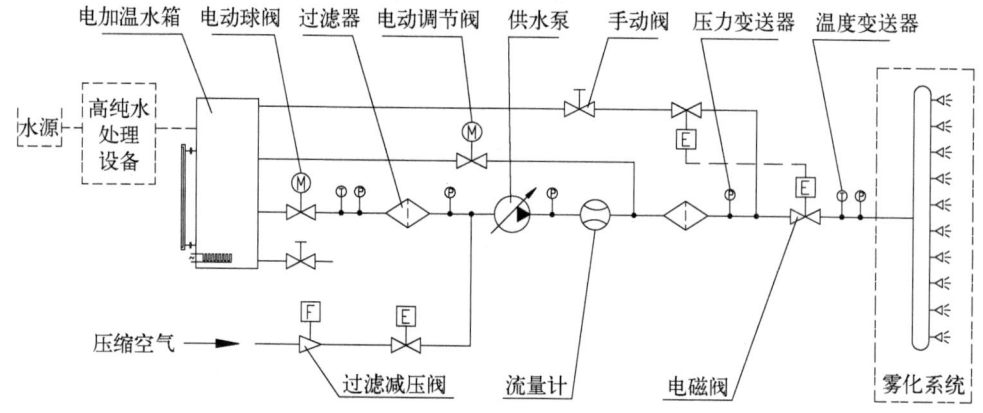

图 4.24 供水系统原理图

发动机结冰试验设备雾化系统通常工作在0℃以下的低温环境中,工作环境极限温度甚至需要达到-30℃的情况,为保证供水系统在低温环境条件下能够正常向雾化系统供水,供水系统的供水管路在初始设计时就应该着重考虑采用有效的防冻保护措施,避免由于供水管路发生结冰问题而影响正常的发动机结冰试验任务,供水系统通常利用高温压缩空气或电加热带等对供水管路进行试验前的预热和试验过程中的防冻保温。

5. 空气系统

结冰试验设备的空气系统主要用于水介质的雾化,空气系统主要由气源站的空气压缩机提供压缩空气,根据雾化系统工作时的用气量大小,可选择不同数量的空气压缩机进行供气。气源站需配置压缩空气处理系统对压缩空气进行清洁,去除压缩空气中的水、油、微粒等杂质,防止压缩空气中的杂质对雾化系统形成的结冰条件参数产生影响。

空气系统利用温度调节装置控制喷嘴雾化供气的温度,并通过电动调节阀调节供气管路内压力和流量,如图4.25所示。对于雾化系统内较长雾化喷杆,为保证雾化喷杆上每个雾化喷嘴的供气参数始终保持一致,雾化喷杆通常采用两端供气的方式。喷嘴雾化供气和喷杆保温供气管路上均设有温度和压力测量元件,用来测量供气管路内气体的温度参数和压力参数,同时利用流量测量元件监测各供气路的空气流量。

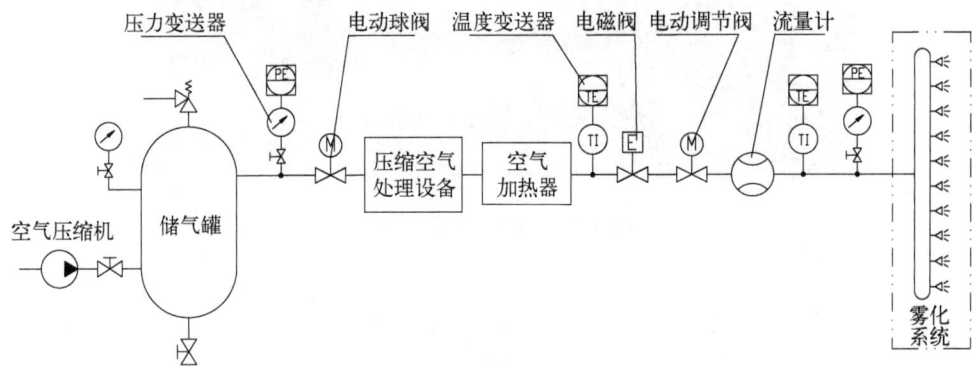

图 4.25　空气系统原理图

6. 结冰参数测量

进行发动机结冰试验时,发动机进气截面处气流中的液态水含量、平均有效水滴直径和结冰均匀性是发动机结冰条件的主要参数,也是评价结冰条件是否满足标准规范要求的重要指标。因此需要选用专业测量设备进行液态水含量、平均有效水滴直径和结冰均匀性参数的测量,并根据测量结果对结冰雾化设备的雾化系统喷射参数进行符合性调整,以此来满足发动机结冰试验要求。

典型的液态水含量测量方法有冰生长法、热线法和超声法等。目前国内普遍采用热线法液态水含量测量系统,根据传感线圈的热传导率计算出液态水含量,液态水含量测量系统主要由传感器探头和信号采集处理系统组成。传感器探头如图 4.26 所示。

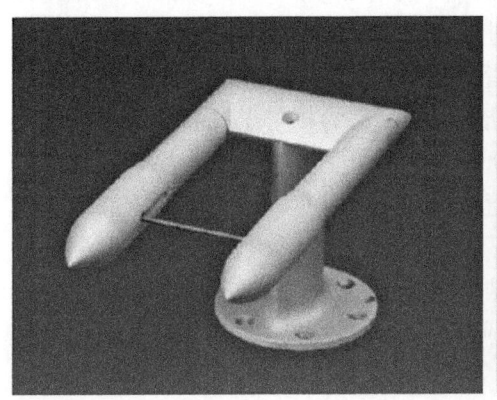 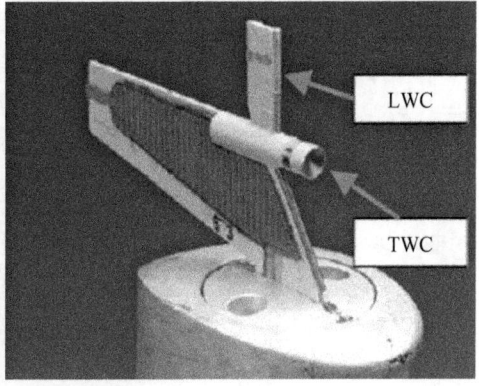

图 4.26　液态水含量测量设备

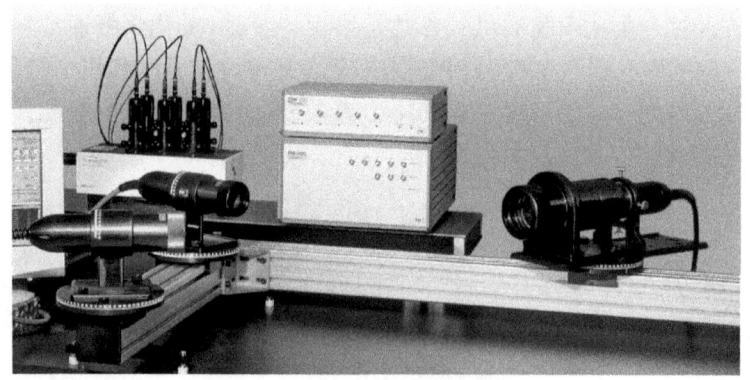

图 4.27 雾化粒径测量设备

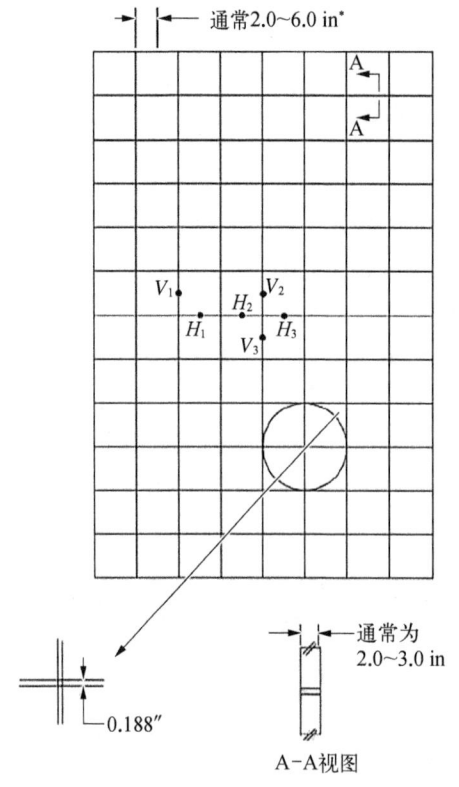

图 4.28 结冰均匀性标定栅格示例*

结冰试验时的发动机进气为两相流介质,目前主要采用适用于两相流介质的专用测量仪器测量气流中水雾的平均有效水滴直径,如相位多普勒粒子分析仪(phase Doppler particle analyzer,PDPA)等专用测量仪器,如图 4.27 所示。在 PDPA 系统中,两台激光器分别为激光收发探头和粒径接收探头提供能量,测试信号通过电缆传递到光电转换器中,经光电转换器和信号处理器处理后,测量结果由测试分析软件显示在计算机上。

发动机进口截面结冰的均匀性(即液态水分布均匀性)也是考核结冰试验是否满足要求的重要参数,目前国际上大多数结冰试验主要参照 SAE 颁布的 ARP5905 进行校测,以综合检验结冰风洞的相关性能指标是否满足结冰和防除冰试验要求,均匀结冰水雾定义为相对于试验截面中心线上所给定空气速度和水滴尺寸条件下的 LWC 值,试验截面的 LWC 变化值不超过±20%的区域。结冰均匀性主要通过测量检测格栅结冰厚度的方法实现,结冰水雾的均匀性采用如图 4.28 所示的结冰标定栅格,栅格的间距应该与试验截面的尺寸相关。

---

* 1 in = 2.54 cm。

第 5 章
吞 咽 试 验

发动机驱动飞机在地面滑跑、空中飞行时,会吞入飞鸟、砂石、雨和冰雹等,这些外来物进入发动机,会对发动机造成损伤,影响飞机飞行安全。为了掌握不同大小和类型的外来物进入发动机造成的损坏程度,需要进行大量的零部件、整机试验研究和验证。通过这些试验及对试验结果的分析,在材料选择、制造工艺、设计方法等方面采取有效措施,以尽量减轻发动机及其对飞机的损伤,尽量保障飞机安全。

吞咽试验包括构件和零部件(如风扇)试验、整机试验。在构件和零部件试验中,主要研究零件的材料、加工工艺、结构设计等对外来物(冰、鸟、砂、水)冲击的抵抗能力,以及吞入外来物对部件气动性能(如风扇性能)的影响。整机试验是最后的验证试验,一般是按照适航规定和通用规范等要求,特别是型号规范的要求开展。整机吞咽试验通常在室外露天环境下进行,试验时确定主要参数包括外来物质量、投射速度、投射位置、发动机工作状态等。

5.1 吞 水 试 验

大气环境条件下,存在着体积不同、含水量不等的各种云层。当飞机穿越云层或在云层中做较长时间飞行时,发动机要吸入含有液态水的空气。如果遇到的是正在下雨的云层,不但吸入的液态水含量大,且液态水会呈不均匀分布地进入发动机。暴雨天时,飞机起飞、着陆过程中,跑道上的积水以及飞机头部轮子溅起的水,都有可能吸入发动机。发动机吞入大量的雨水,可能使机匣局部受冷收缩,机匣和叶片之间的间隙减小,发生碰摩擦,影响发动机正常工作;也可能使发动机性能恶化,甚至引起压气机喘振、燃烧室熄火。尤其是当发动机在慢车状态下工作时,空气流量较小,雨水占空气流量的百分比较大,更容易引起发动机熄火。2002 年 1 月 16 日印尼一架波音 737 - 300 客机在即将飞临目的地、飞行高度约为 5 400 m 时突然遭遇特大雨的天气,此时发动机处于空中慢车状态。当飞机进入暴雨区 90 s 后,发动机熄火停车,飞机在无动力情况急速下降,最终造成 1 人死亡,飞机严重受损而报废。因此,在《航空发动机适航规定》(CCAR-33-R2)和《航空涡轮喷气和涡轮风扇发动机通用规范》(GJB 241A-2010)中,均有对发动机吞水试验的相关要求。在地面开展发动机吞水试验,验证发动机是否具有良好的吞水能力,同时获得吞水后发动机性能变化情况。

发动机吞水试验是在整机上进行,试验时发动机安装在地面试车台上,同时配备必要的吞水试验装置,在发动机进气道的前端或进气道内安装喷射装置,当发动机进入预定工作状态后,由喷射装置向发动机进气道内提供符合试验要求的水(喷水量、水滴分布等),试验过程中要监测发动机推力(或功率)、排气温度、转速及压气机机匣收缩量等,以此来评估吞水对发动机工作性能的影响。

5.1.1 吞水试验要求

CCAR-33-R2 第 33.78 条对吞水试验的要求:

发动机必须证明当其突然遭遇浓度达到规定标准的雨时,在任何连续3分钟的降雨周期内发动机不熄火、不降转、不发生持续或不可恢复的喘振或失速,或不失去加速和减速的能力,还必须证明吸入之后没有不可接受的机械损坏,不可接受的功率或推力损失或其他不利的发动机异常情况。

GJB 241A-2010 第 4.4.2.4.9 节对吞水试验的要求:

试验发动机按规定标准吞入大气中液态水,当发动机以最大推力状态工作时,把占总空气总质量流量 2.0%、3.5% 和 5.0% 的水(液态和气态)引进发动机进口,其中有 50% 的液态水进入 1/3 的进口扇形面积。发动机在上述每一条件下工作 5 min 后,再在慢车状态重复上述程序。

适航规定和通用规范主要是从发动机运行状态、吞水量、喷水分布、吞水后发动机状态等方面对发动机吞水试验提出了具体要求:

在发动机运行状态方面:发动机不仅要在强降雨条件下正常工作,不熄火或失速。还要在飞机起飞和着陆过程中吸入跑道表面上的积水时,也不发生熄火、失速或不可恢复的喘振。

在吞水量方面:适航规定按不同飞行高度给出了雨水含量,最高为每立方米空气 20 g 水;通用规范给出了占总空气总质量流量 2.0%、3.5% 和 5.0% 的水(液态和气态)三个数值。这主要是依据统计的气象数据,根据飞机类型和飞行高度等确定的。有资料表明,在海平面 1 分钟内暴雨的最高纪录数据为 6.4% 的水-空气混合物,在 6 005 m(约 19 700 ft)高空一分钟最高降雨量的纪录为 17.2% 的水-空气混合物,在 13 990 m(约 45 900 ft)高度,水-空气混合物的极值为 10.5%。相关资料显示,已有发动机制造商在吞水试验中考虑了极限的降雨对发动机功率损失和不稳定情况,开展了高于 5% 水-空气混合物的试验。通用规范只是一个通用要求,具体型号的吞水量，应根据飞行器使用要求具体确定。

在喷水分布方面：对大涵道比发动机，按照适航规定开展均匀吞水试验。对小涵道比发动机，按照通用规范要求，将一半液态水集中在入口面积的三分之一范围内。主要是根据发动机的特点和使用场景确定的。

在吞水后发动机状态方面：在吞水周期内发动机不熄火、不降转、不发生持续或不可恢复的喘振或失速，或不失去加速和减速的能力，试验后发动机保持了适当的间隙、在试验中未发生损伤或有害擦伤、性能未恶化、燃气流路中的零件未受到损伤。

5.1.2 吞水试验流程

1. 供水量计算

吞水试验时，供给发动机的每秒水量可按公式(5.1)计算：

$$W_H = W_{Hn} + W_{HI} \tag{5.1}$$

其中，W_{Hn} 为降雨时吸入发动机的水量，单位为 kg/s；W_{HI} 为降雨时吸入发动机的大气中的含湿量，单位为 kg/s。

$$W_{Hn} = \frac{W_a \cdot N}{3\,600 \cdot \rho \cdot v} \tag{5.2}$$

其中，W_a 为发动机空气流量，单位为 kg/s；N 为降雨强度，单位为 kg/(m²·h)；ρ 为空气密度，单位为 kg/m³；v 为雨滴下降速度，单位为 m/s。

v 值的计算公式如下：

$$v = \left(\frac{-0.787}{r^2} + \frac{503}{\sqrt{r}} \right)^{-1} \times 10^4 \tag{5.3}$$

其中，r 为雨滴半径，单位为 cm。

$$W_{HI} = \frac{W_a}{\rho}(d_n - d_1) \times 10^{-3} \tag{5.4}$$

其中，d_n 为降雨条件下空气的绝对含湿量，单位为 g/m³；d_1 为试验时空气的绝对含湿量，单位为 g/m³。

2. 吞水试验装置标定试验

吞水试验装置的工作能力会直接影响到发动机吞水试验，因此必须在吞水试验前进行设备调试及参数摸底，确保设备可正常投入使用。

吞水试验装置的标定主要是对喷水流量进行标定，吞水试验装置原理如图

5.1所示,当进行流量标定时,关闭供水支路的电磁阀,打开调节支路电磁阀,吞水试验装置进行内部循环,通过调节调节阀,用来模拟试验状态所需的供水压力和流量。

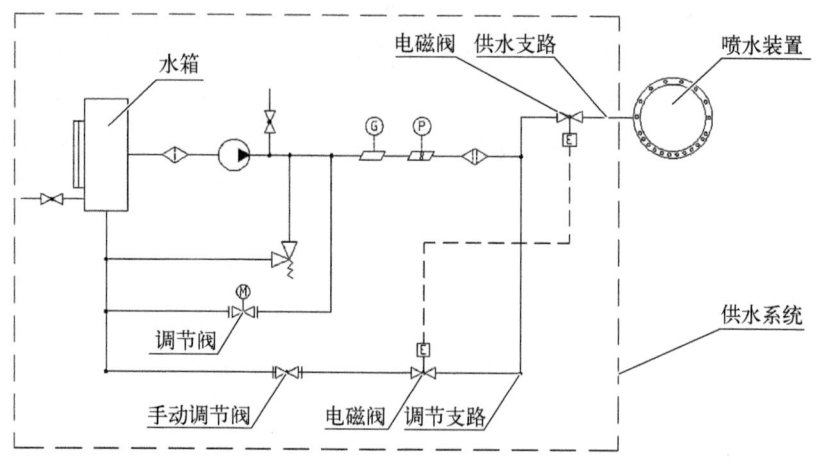

图 5.1 吞水试验装置原理图

3. 稳态吞水试验

发动机稳态吞水试验主要包含地面慢车状态、空中慢车状态和最大起飞状态,用来研究和验证不同的喷水阶段条件下发动机的稳定工作情况。

试验前将吞水试验装置的喷水流量调整到慢车试验状态点,发动机启动后,在规定的试车状态向进气道喷射液态水,按照试验要求完成稳态性能参数录取,具体试验程序如图 5.2 所示。

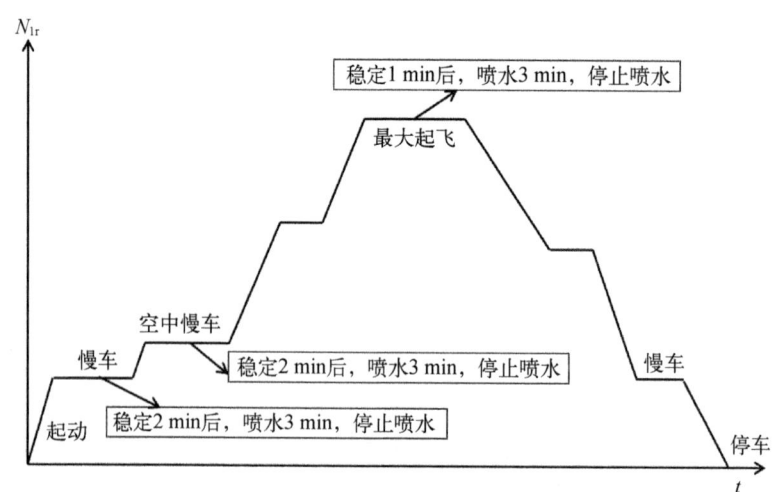

图 5.2 稳态吞水试验试车程序

稳定吞水试验过程的具体操作如下：

（1）稳态吞水试验前，将吞水试验装置内部循环的水流量调节到慢车试验状态点所需流量；

（2）启动发动机，在慢车状态稳定 2 min，将吞水试验装置内循环切换到供水状态，开始喷水，按照图 5.2 的试车程序进行试车，试车过程中通过设备控制系统精确调节喷水量，同时监测发动机和设备的运行情况；

（3）按照试车程序要求完成所有台阶内容，发动机停车。

4. 过渡态吞水试验

过渡态吞水试验主要在地面慢车-最大起飞-地面慢车加减速过程进行，用来研究和验证地面慢车-最大起飞-地面慢车加减速条件下发动机的稳定工作情况。

试验前将吞水试验装置的喷水流量调整到最大起飞试验状态点，发动机启动后，在最大起飞状态向进气道喷射液态水，按照试验要求完成过渡态性能参数录取，具体试验程序如图 5.3 所示。

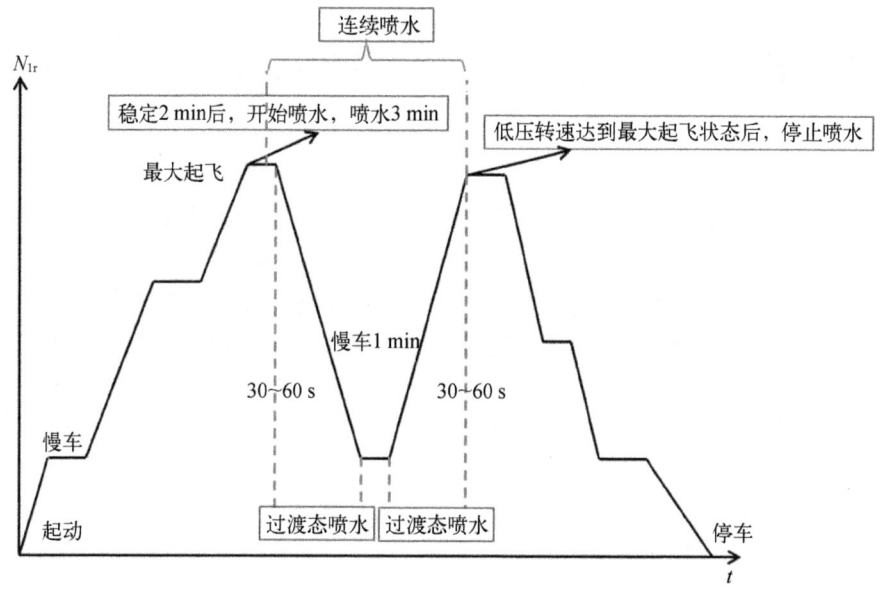

图 5.3　过渡态吞水试验试车程序

过渡态吞水试验过程的具体操作如下：

（1）过渡态吞水试验前，将吞水试验装置内部循环的水流量调节到最大起飞状态点所需流量；

（2）启动发动机，在最大状态稳定 2 min，将吞水试验装置内循环切换到供水状态，开始喷水，按照图 5.3 的试车程序进行试车，试车过程中通过设备控制系统精确调节喷水量，同时监测发动机和设备的运行情况；

（3）按照试车程序要求完成所有台阶内容，发动机停车。

5.1.3 吞水试验设备

吞水试验设备主要由整机试车台、吞水试验装置和测控系统组成，其中吞水试验装置由供水系统、喷射装置和支架等组成，如图5.4所示，本书主要介绍吞水试验装置和测控系统两个关键部分。

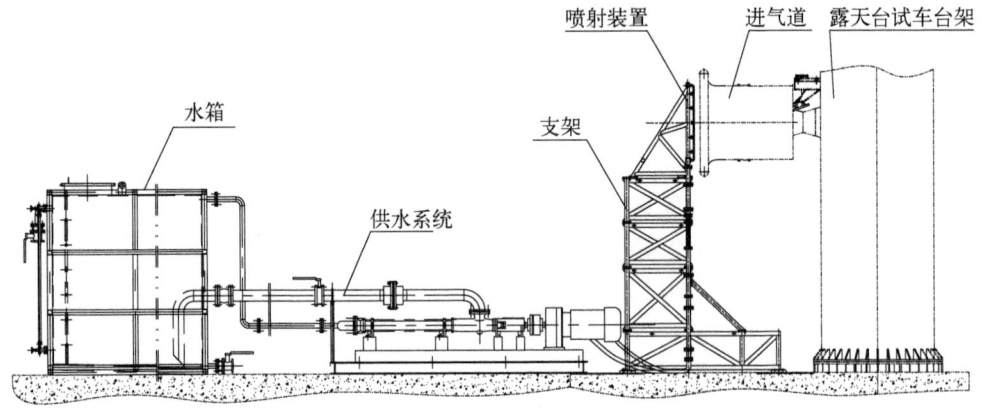

图 5.4 发动机吞水试验设备

发动机吞水试验工艺流程如图5.5所示。试验时发动机安装在试车台架上，在发动机进气道前端安装喷射装置，发动机到达喷水工作状态前先起动喷水试验装置的供水系统，供水系统处于内部系统的自循环状态，此时模拟试验喷水状态调节供水压力和流量，当发动机达到指定喷水工作状态后，切换供水系统中的供水阀门，水经分配器向喷射装置供水，试验过程中通过吞水试验设备的测控系统精确调节喷水量，同时监测吞水试验设备运行情况。

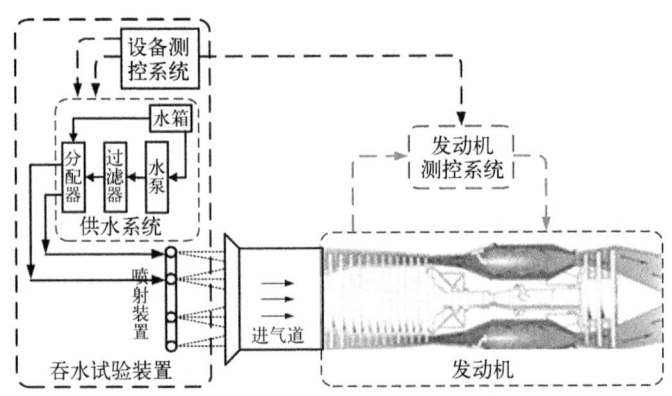

图 5.5 吞水试验工艺流程简图

1. 供水系统

供水系统是由水箱、过滤器、变量泵、流量计、电动调节阀、手动调节阀、电磁阀、温度和压力变送器、供水管路等组成。

供水系统原理图如图5.6所示,供水系统采用变量泵供水及旁路回水两级调节方式,便于供水流量范围的无级调节,该方法调节稳定,响应速度满足试验要求。供水系统设计内循环回路,通过内循环管路可模拟喷射装置的喷水流量,即喷水前在内循环管路中预调节试验所需的喷水流量,当发动机到达试验状态时,只需进行电磁阀的切换控制,该调节方式保证喷水装置快速达到稳定喷射的工作状态,减少了调整的时间。另外,供水系统采用变量泵进行增压,使系统在运行过程中不会始终处于大流量回流状态,减少供水系统的功率消耗。

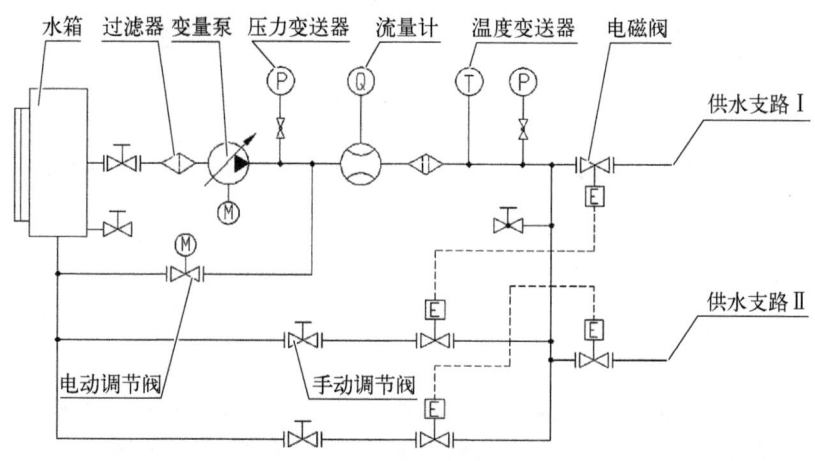

图5.6 供水系统原理图

2. 喷射装置

喷射装置依靠螺栓和螺母安装固定在支架上,并放置在进气道前方的某个位置向发动机入口喷射液态水,如图5.4所示。喷射装置由喷水管和喷嘴组成,喷嘴通常采用小孔直射式喷嘴,也可直接在喷水管上开孔。

在喷射装置的设计中,主要考虑试验喷水的均匀性要求、喷水压力和水流的喷射速度等因素,喷射装置通常采用内、外两个喷水管的设计方案,当发动机处于慢车状态时,内喷水管工作;当发动机处于最大状态时,内、外喷水管同时工作。为了使喷水管喷出的水流在进气道截面上满足分布要求,同时考虑到喷水环上喷嘴的可加工性,内喷水管上设计三排环形布置的喷嘴,其中一排喷嘴的轴线与进气道的轴线平行,另两排喷嘴的轴线与进气道的轴线方向呈一定角度;外喷水管上设计两排环形布置的喷嘴,其中一排喷嘴的轴线与进气道的轴线平行,另一排喷嘴的轴线与进气道的轴线呈一定角度,内、外喷水管的水流在进气道截面处形成5个同心圆环,如图5.7所示。

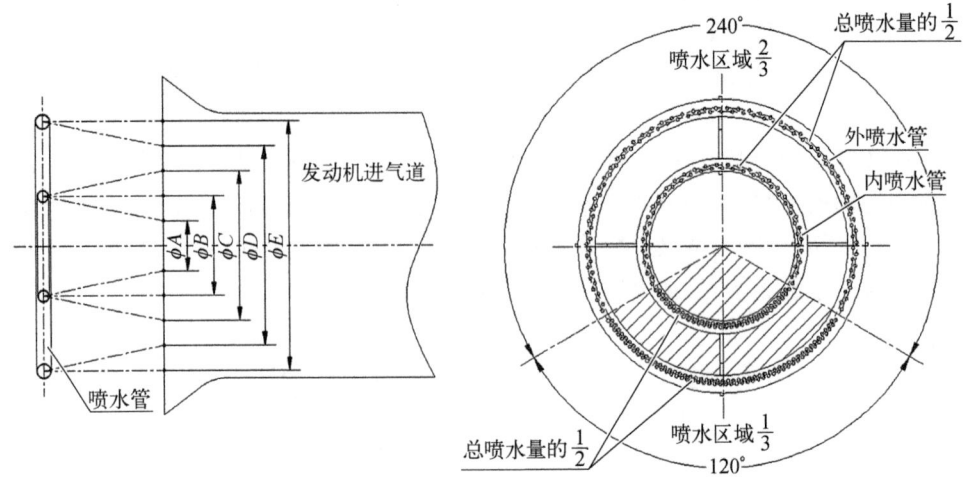

图5.7 水流在进气截面分布的环面示意图   图5.8 喷水管喷嘴分布示意图

依据GJB 241A-2010吞水试验要求,试验时有50%的液态水进入1/3的发动机进口扇形面积,发动机不均匀吞水依靠喷水管上喷嘴不均匀分布来实现,喷水管上的喷嘴分布如图5.8所示。

3. 测控系统

吞水试验装置需配备测控系统对供水特性进行调节,测控系统选用高可靠性的可编程控制器和智能仪表作为硬件基础,通过触摸屏实时显示供水系统的温度、压力、流量等参数。测控系统通过对变量泵的起停及转速控制、调节阀开度控制和电动阀的开关控制等,从而实现喷水压力、流量参数调节,同时实现喷水装置的通断控制。控制系统具有应急功能,当试验过程中发动机发生喘振等异常情况时,系统产生报警提示,并快速切断喷水装置喷水,从而保证发动机的安全。

5.2 吞鸟试验

早在第一架飞机起飞之前,鸟类就已经统治了天空数百万年。美国国家地理最近的研究表明,目前地球上有约4 300亿只不同类型的鸟。因此,飞机与鸟撞击在所难免。FAA在 *Wildlife Strikes to Civil Aircraft in the United States* 中提供的数据表明在1990年至2014年之间,共有16 636起鸟类撞击飞机发动机的报告,其中,4 417起或者说29%的事件中发动机遭受了实际损伤,见表5.1。

表 5.1 民用飞机部件受到鸟类的撞击和损坏

飞机组成部分	鸟 类			
	撞击数量	所占百分比/%	损坏数量	所占百分比/%
挡风玻璃	21 937	16.4	971	6
机头	19 133	14.3	984	6
机翼/旋翼	18 332	13.7	3 683	24
天线罩	16 638	12.4	1 497	10
发动机	16 636	12.4	4 417	29
机身	16 107	12	643	4
其他	13 574	10.1	1 227	8
起落架	5 979	4.5	508	3
螺旋桨	2 953	2.2	265	2
尾翼	1 740	1.3	621	4
灯	911	0.7	656	4

吸鸟引起的发动机故障将直接影响飞行安全。根据动量定理,一只 7 kg 的大鸟与速度为 960 km/h 的飞机相撞,冲击力将高达 144 t。飞鸟随着气流吸入发动机后,撞击到风扇或压气机叶片上,使叶片产生较大的变形,严重时叶片中将残留塑性变形;使叶片局部凹陷或叶片前缘后卷;引起叶根或凸台变形,导致凸台之间松脱或搭接。而由于鸟撞击叶片产生的变形或破坏,可能导致发动机转子失去平衡或气动性能恶化,使发动机无法正常工作。

国内外对航空发动机吸鸟问题都非常重视,在适航规定及通用规范中都有专门条款对此做出规定,要求航空发动机在适航验证试验或型号定型试验中进行吞鸟试验,以确保航空发动机的安全性。然而,随着空中交通运输量的逐年增大,每年发生的吸鸟事故的总数仍在增加。

5.2.1 吞鸟试验种类及关键技术

1. 试验种类

吞鸟试验包括零部件鸟撞击试验和发动机整机吞鸟试验。

零部件鸟撞击试验,是为材料、结构及制造工艺的改进和优化提供试验数据。

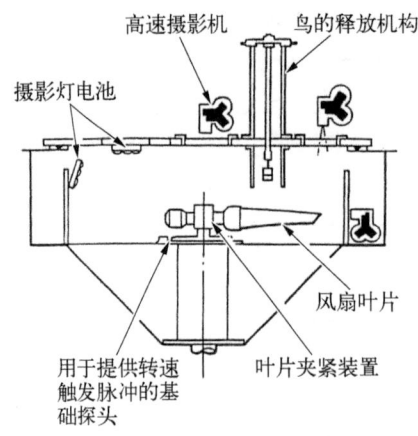

图 5.9 单臂吞鸟试验装置

这些零部件包括第一级转子叶片和整流罩等。

零部件鸟撞击试验包括在单臂吞鸟试验装置上进行的单个叶片的鸟撞击试验、在旋转试验器上进行的完整风扇组件吞鸟试验。

单臂吞鸟试验装置如图 5.9 所示,试验组件置于抽真空的试验腔内。叶片装在一个特殊的固定器上,使叶片的安装角可以改变。用一种明胶做的模拟鸟,在重力作用下落进风扇。叶片速度和安装角可以调整,以保持与发动机状态下相同部分的质量、进入角和相对速度。

用于完整风扇组件吞鸟用的旋转试验装置如图 5.10 所示,试验时,鸟体用空心钢管枪向下射入试验器,枪管垂直固定在地坑盖上,这项技术已经用于证明 Trent 发动机有能力承受 8 lb 重的鸟撞击,而没有任何不可接受的损伤。

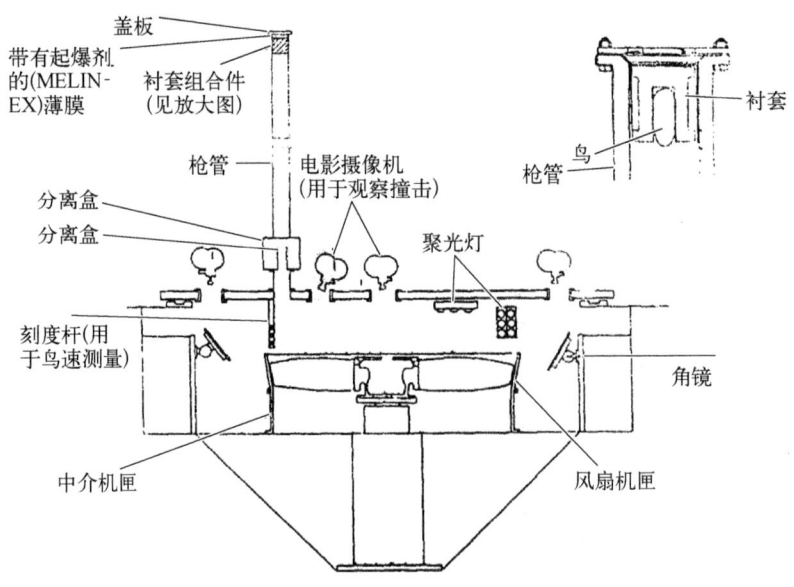

图 5.10 风扇组件吞鸟试验示意图

整机吞鸟试验是为了验证发动机因吞鸟引起的响应、破坏符合规范要求。在民航发动机领域内,验证发动机遭受鸟撞击的能力,已是发动机取得合格证的必要条件。

本章主要论述整机吞鸟试验。

2. 关键撞击参数

在适航规定(CCAR、FAR、CS-E800)中引入了"关键撞击参数"(critical impact parameter,CIP),它是由应力、应变、弯曲、扭转等物理量描述的,用于表征发动机吸入规定鸟造成的最大撞击损伤。对于大多数现代涡扇发动机来说,关键撞击参数是风扇叶片前缘应力(或应变);对涡桨或涡喷发动机来说,应重点考虑核心机结构强度的影响。

关键撞击参数通常是鸟质量、鸟速、风扇/转子转速、撞击部位、风扇/转子叶片几何形状的函数。对涡扇发动机第一级风扇叶片,增加鸟速或鸟的质量,将会增加鸟切片质量,并可能使关键撞击参数从进气边应力变成叶片根部应力。对带有部分凸肩的风扇叶片,关键撞击参数有可能是叶片变形以致产生凸肩压挤和推力损失或叶片断裂。

在制定吞鸟试验方案时,应充分考虑关键撞击参数,确定吞鸟试验参数(鸟重、鸟速、撞击部位等)。

3. 关键技术

无论是零部件鸟撞击试验还是整机吞鸟试验,除了保障试验运行的设备外,关键是如何将"鸟"按要求的速度投射到指定位置,并测量鸟撞后的响应。

1) 发射技术

投鸟设备多采用单管或多管空气炮发射装置,空气炮发射装置由储气罐、触发装置、弹体(发射物+弹托)、发射管、弹托分离器、弹托回收器、测速装置等几部分组成,如图 5.11 所示。

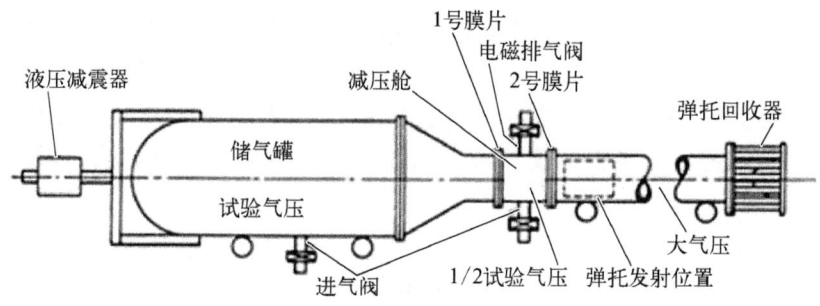

图 5.11　空气炮发射装置系统组成

空气炮的发射装置工作原理如图 5.12 所示,通过高压气体膨胀做功,使弹丸在发射管内不断加速,射出发射管后,弹托被弹托分离器剥离,发射物射向目标。

穿过炮管后鸟速 V 由公式(5.5)计算:

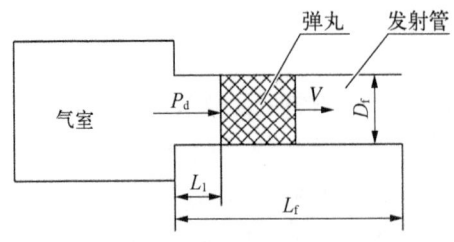

$$V = \frac{2gAL_f}{M}(P_d C - P_0) \quad (5.5)$$

其中，V 为穿过发射管后的鸟速；A 为发射管的横截面积；L_f 为发射管长度；P_0、P_d 分别为大气压力和气室压力；M 为鸟与其载体的总重；C 为与枪的结构和所用气体相关的函数。

图 5.12 压缩空气炮基本原理图

发射管面积 A 由公式(5.6)得出：

$$A = \pi D_f^2 / 4 \quad (5.6)$$

其中，D_f 为发射管口径。

从公式(5.5)中可以看出，要想获得高的撞击速度，需要增长枪管的长度和提高气室压力。

在压缩空气炮的使用中需给出鸟重、鸟速和压力三者之间的校准曲线，按照给定的鸟重和速度选择气体压力，这就要求发射设备必须具有很高的重复精度。

为了保证重复精度，需要在空气炮触发装置、弹托、测速装置等设计中着重考虑：

触发装置有单破膜、双破膜、活塞气阀等几种方式，主要作用是让压缩空气罐的高压气体迅速进入发射管，推动弹体沿发射管运动。

弹托是空气炮发射装置中不可缺少的一环，它用来匹配发射物及发射管内径，在发射管出口被回收，而发射物靠惯性飞出。弹托要与发射管内壁匹配良好，使推进功率损耗小，速度控制稳定。弹托材料有发泡塑料、树脂材料、铝等。

测速装置测量弹体飞出发射管的速度，一般依靠测量弹丸飞过固定距离所消耗的时间计算弹丸飞行速度。激光测速手段为现今最为先进和稳定的测速技术。

2) "鸟"制作技术

国外资料建议，试验用鸟应是试验前刚捕杀的新鲜鸟，因为僵硬的鸟在试验时可能会对发动机产生附加破坏而造成发动机更严重的破坏。如果使用新鲜鸟类作为射弹，鸟应在试验前一小时内用气体窒息死亡；如果事先存储试验用鸟体，应当在鸟窒息死亡后立刻用-18℃或更低温度速冻存储，且存储期不能超过 30 天，使用前应在室温下解冻超过 24 小时(1.85 kg 鸟)，评判标准为鸟体核心温度达到 15.5℃。这样做可以基本保证鸟体在吞咽试验时基本维持有机体的正常物理性状，最大程度模拟真实鸟体被吸入的情况。经验表明，3.65 kg 及 2.5 kg 的大鸟使用加拿大雁模拟比较合适,1.85 kg 的大鸟使用家鸡模拟比较合适,0.35 kg 的中鸟使用鸽类模拟比较合适,1.15 kg 的中鸟使用绿头鸭类比较合适,0.085 kg 的小鸟使用雀类比较合适。

鸟弹在发射前为符合重量要求必须称重,如果超重,可做必要的修剪,但仅限于修剪鸟体的突出部分,如翅尖、腿杆等;如果重量不足,可以适当补水或补含水98%的明胶。

称重后调整好的鸟体必须被包裹成近似圆柱或长椭球状,包裹材料可以是尼龙、聚乙烯袋和纸。建议采用聚乙烯薄膜包裹鸟体,该薄膜质量轻,对鸟弹质量总体影响小,并且在撞击时极易破裂,不易影响鸟体的流变。

大多数鸟是受到保护的,并且很难找到数量足够且符合重量要求的活鸟。因而,试验用鸟多采用特殊塑料胶材料制作的模拟鸟。模拟鸟要模拟鸟的质量、形状、密度和撞击效果。

3) 测量监控技术

测量包括发射物撞击速度的测量、试验件或叶片残余变形的测量、试验件或叶片撞击下应变的测量。

发射物的撞击速度是重要的试验参数,必须准确测量。目前高速测量设备可以采用透射式光电传感器,通过测量发射物经过两个传感器的时间,来计算发射物的飞行速度。

叶片撞击后的动态响应历程和残余变形是关键的试验数据,叶片在极短的时间内发生的局部变形与整体变形甚至断裂,使用普通应变片及动态电阻应变仪难以满足叶片鸟撞击瞬态应变的测量要求,同时对瞬态应变信号的记录仪器也有较高要求。应变测量应该采用大变形应变片和超动态应变仪。叶片的残余变形需要用三坐标仪进行测量。

试验过程中使用高速摄影进行监控,高速摄影是一项重要的数据记录技术,用于观察鸟与叶片的撞击。它可以记录的信息包括鸟是如何撞击(咬入深度)叶片的,叶片的变形和区分一次破坏与二次破坏,以及验证鸟的速度。为了从不同角度捕捉撞击过程,通常使用两台或两台以上的摄影机,在发动机吞鸟试验中,需要使用十几台高速摄影机。

5.2.2 吞鸟试验要求

1. 适航规定对吞鸟试验的要求

CCAR-33-R2 第 33.76 条对吞鸟试验的要求包括发动机功率、吸入鸟的速度、鸟的数量和质量、鸟投向的部位、鸟吸入后发动机状态等。

(1) 发动机推力或功率。

对于大鸟和中、小鸟:不小于 100% 的起飞功率或推力,必须考虑海平面最热天气的起飞条件下最差的发动机能够达到最大额定起飞功率或推力。

对于大型群鸟：在海平面静止状态下产生90%最大额定起飞功率或推力。

(2) 吸入鸟的速度。

对于大鸟：370 km/h(对于安装在旋翼航空器上的发动机,吸入鸟的速度应为旋翼航空器正常飞行时的最大的空速)。

对于中、小鸟：应反映从地面到地面上460 m(约1 500 ft)的正常飞行高度所使用的空速范围内的最严酷条件,但不应小于飞机的起飞决断速度v_1。

对于大型群鸟：吸入鸟的速度为200 n mile/h。

(3) 鸟的数量和质量。

对于大鸟：1只质量为1.85~3.65 kg。

对于中鸟：单只鸟的质量为0.35~1.15 kg,鸟的数量与发动机进气道喉道面积正相关。

对于小鸟：单只鸟的质量为0.085 kg;鸟的数量按每0.032 m^2(约49.6 in^2)进气道面积或其余数部分使用1只,最多不超过16只鸟。

对于大型群鸟：单只鸟的质量为1.85~2.5 kg,鸟的数量与发动机进气道喉道面积有关,面积越大数量越多。

基于进气道喉道面积,而不是进口最大或发动机前安装边的投影面积。

(4) 鸟投向的部位。

对于大鸟：投向发动机第一级旋转叶片最关键的暴露位置。

对于中鸟：当按规定只用1只鸟时,这只鸟应投在发动机核心机流通道上;当按规定使用2只或2只以上的鸟时,其中最大的1只鸟应投向发动机核心机流通道上,而次重的1只鸟应投向第一级转子叶片的最关键的暴露位置上,其余的鸟必须均匀地分布在整个发动机的前表面上。

对于小鸟：在对准这些鸟的打击位置时应考虑到第一级转子叶片上的任何关键打击位置,而其余的鸟应均匀地分布在整个发动机前表面上。

对于大型群鸟：投向第1级或多级暴露的旋转叶片不小于50%进气边叶身高度的部位。

(5) 鸟吸入后发动机状态。

对于大鸟：在大鸟吸入后的15秒内不允许移动功率杆;不能出现"危害性发动机后果",如非包容的高能碎片、与驾驶员命令的推力方向相反的较大的推力、不可控火情、发动机安装系统失效、发动机引起的螺旋桨脱开等。

对于中、小鸟：从吸入第1只鸟的时刻到吸入最后1只鸟经过的时间应为大约1秒钟;吸鸟之后2分钟内,不能移动功率杆;持续的功率或推力损失"不得"超过25%等。

对于大型群鸟：吸鸟后1分钟内不能移动功率杆，此期间功率或推力"不得"持续减小到小于50%最大额定起飞功率或推力状态。

2. 通用规范对吞鸟试验的要求

GJB 241A-2010 对吞鸟试验的要求主要有：

在下述发动机转速和鸟速下，发动机应能吞下一定数量和大小不同的鸟。

（1）50~100 g 的鸟（一次最多吞入16只）和1 000 g 的鸟（每次一只），鸟速等于飞机起飞飞行速度，发动机转速为最大状态转速；

（2）50~100 g 的鸟（一次最多吞入16只）和1 000 g 的鸟（每次一只），鸟速等于3 000 m 高度内飞机巡航飞行速度，发动机转速为巡航规定转速；

（3）50~100 g 的鸟（一次最多吞入16只）和1 000 g 的鸟（每次一只），鸟速等于1 500 m 高度内飞机下滑飞行速度，发动机转速为下滑规定转速；

（4）一只2 000 g 的鸟，鸟速等于2 500 m 高度内飞机最大极限飞行速度，发动机转速为最大状态转速或最大连续状态转速，两者以损伤较大者为主。

吞鸟的数量根据飞机进气道或发动机进口面积（两者之中较小的一个）决定。发动机吞鸟后，虽然可能造成某些零件损坏，但不能引起发动机停车，发动机应不熄火，并能在型号规范中规定的时间内恢复到吞鸟前的工作状态。

其他有关航空发动机吞鸟试验的适航规定和通用规范，如 FAA、EASA 发布的，与上述要求基本类似。这些要求是在总结经验、教训，特别是在教训的基础上，规定了发动机在什么推力（功率）状态、以什么速度、在什么部位吞入不同数量和质量的鸟后，发动机应保持的状态。吞鸟对发动机影响主要有两方面：一是对发动机结构强度的影响。吞鸟直接撞击损伤发动机进气整流支板、导流叶片、一级压气机转子叶片或风扇叶片，使发动机性能下降。二是发动机性能。吞鸟瞬间使发动机气流通道堵塞，造成压气机失速、喘振停车。经验表明：吞咽中、小鸟，一般仅造成发动机轻度损伤和发动机性能下降。所以试验要求吞咽中、小鸟时，发动机某些零件可以损坏，但不能使发动机停车。发动机应不熄火，并能恢复到吞鸟前工作状态。吞咽大鸟时，一般会造成发动机损坏严重和发动机熄火停车（也有的喘振停车）。所以试验要求吞咽大鸟时，发动机可能损坏，但不应发生导致飞机损坏的故障。对具体的型号试验，应根据使用环境，结合部件试验以及仿真分析结果，与使用方一起制定整机吞鸟试验方案（必要时要得到适航当局的批准），不一定非要按适航规定把大、中、小鸟都试一遍。

5.2.3 吞鸟试验内容

吞鸟试验主要由投鸟装置调试、校靶试验、摄像与照明系统调试、发动机调试试车及空炮试验和吞鸟试验组成,具体内容如下。

1. 投鸟装置调试

进行吞鸟试验前应在台架不安装发动机的状态下进行投鸟装置(图5.13)的调试工作。投鸟装置的调试包括投鸟速度调试、撞击位置调试、发射时间控制调试三方面内容。通过调整炮筒位置与角度,使得鸟撞击位置满足试验要求。通过调整每个炮筒的气动压力,使得投鸟速度满足试验要求。通过各个炮筒通信联合控制,使得各个炮筒发射时间间隔控制满足试验要求。

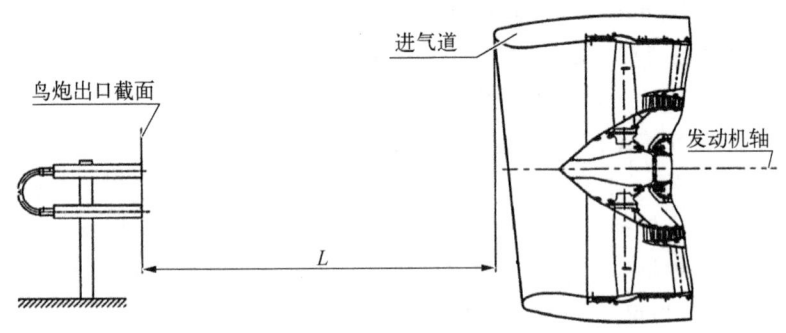

图5.13 投鸟装置炮筒示意图

2. 校靶试验

进行正式吞鸟试验前应进行校靶试验,确保试验时各个发射炮筒的位置、气动压力设置以及发射时间通信控制的设置满足试验要求。校靶时,将靶板安装固定在进气道进口前的位置,使靶板尽可能靠近进气道进口,如图5.14所示。试验前需反复进行校靶试验,保证投射位置满足试验要求。

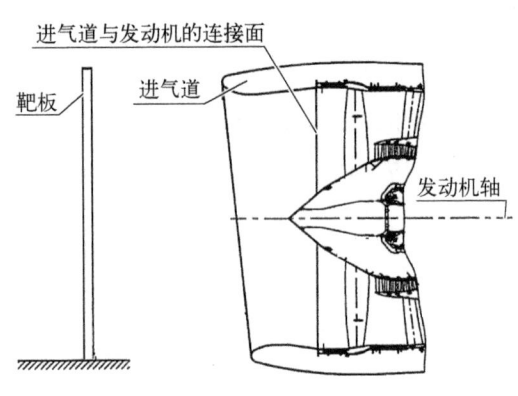

图5.14 校靶设备示意图

3. 摄像与照明系统调试

进行正式吞鸟试验前,高速摄影机及照明设备应按照预定位置布置,如图5.15所示,并进行充分的调试,保证能够准确、可靠地捕获吞鸟全过程,包括鸟从炮口发射直至撞击叶片后的试验情况。高速摄影系统应具备连续拍摄能力,以鸟的发射为起点,记录吞鸟全过程。记录的信息用于检查鸟撞击叶片的形态、分辨叶片和机匣变形以及检查试验中的其他问题。

4. 发动机调试试车及空炮试验

在正式吞鸟试验前按吞鸟试验程序进行发动机调试试车并进行空炮试验,模

第 5 章 吞咽试验 115

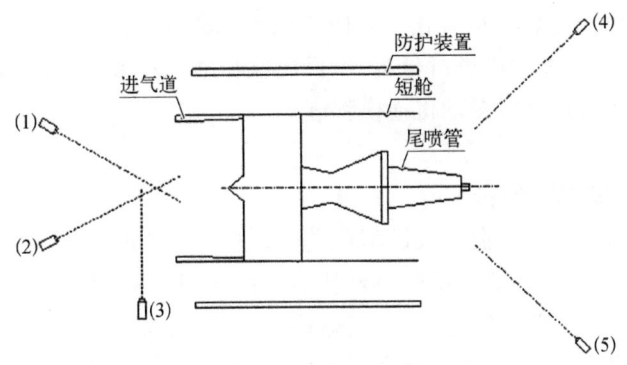

图 5.15　高速摄像机布局示意图

拟正式吞鸟试验条件而不发射鸟体,检查发动机各项功能,检查发动机各转速振动情况,验证鸟炮发射对发动机稳定性的影响。

5. 吞鸟试验

吞鸟试验主要用于验证飞行过程中发动机遭遇鸟撞情况下的安全性和工作能力,是特殊风险条件下的安全性验证。

吞鸟试验的试验流程如图 5.16 所示:

(1) 吞鸟试验前,调整好摄像和照明系统的设备位置,保证可以捕获投鸟的全过程,并拆除校靶试验的校准靶板;

(2) 起动发动机,经过慢车、暖机到达试验状态,如图中 OA 阶段所示;

(3) 在试验状态稳定一段时间后,检查摄像与照明系统的测试设备是否完好,如图中 AB 和 BC 阶段;

(4) 在图中 C 点发出投鸟指令,摄像与照明系统开始记录,在 CD 阶段进行发动机吞鸟后的性能恢复,若为中、小鸟,稳定时间为恢复吞鸟前工作状态的时间,若为大鸟,油门杆应维持 15 秒不动。如果发动机工作正常,经 DE 正常停车;如果发动机工

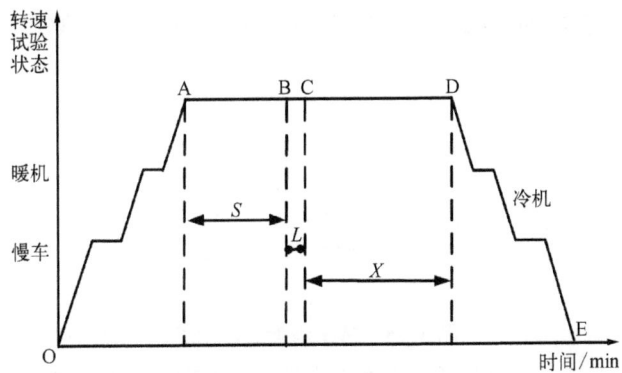

图 5.16　吞鸟试车曲线

作异常(如自动熄火、爆炸、叶片击穿机匣飞出等),则应立即停车,中断试验;

(5)试验后,将发动机进行分解,以目视、磁力探伤、渗透检查、X射线、超声波或其他检验方法检查鸟对发动机损伤程度。

5.2.4 吞鸟试验设备

发动机吞鸟试验一般在露天试车台进行。有关发动机安装、运行、控制等设备由试车台提供,与发动机整机试车需要基本一致,这里不再赘述。

吞鸟试验设备主要由气炮组件、气炮移动平台、供气装置、测速装置、摄像系统和靶板组件等组成,气炮组件安装到气炮移动平台上,利用气炮移动平台来调整气炮与发动机的位置和角度,如图 5.17 所示。

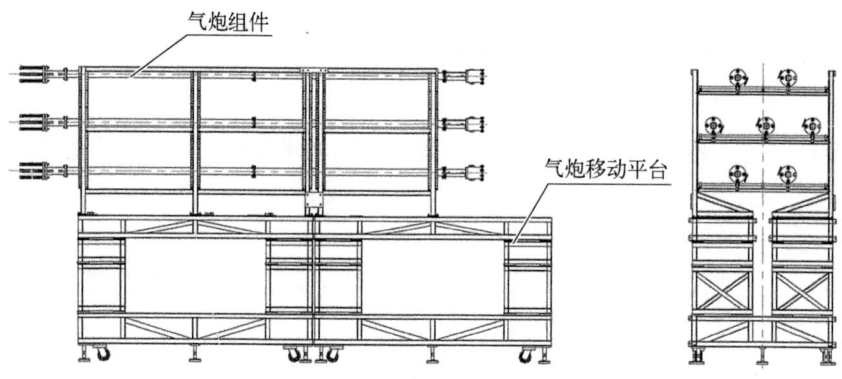

图 5.17 吞鸟试验设备

投鸟位置和速度标定时,在进气道入口前放置靶板组件,通过调整气炮出口位置及角度、供气装置的供气压力,来模拟投鸟的打靶位置和投鸟速度。吞鸟试验前,拆除靶板组件。

1. 气炮组件

气炮组件由炮体、缓冲支架、集壳器、气炮架体、发射管支架、控制机构和供气装置接口组件等组成,如图 5.18 所示。

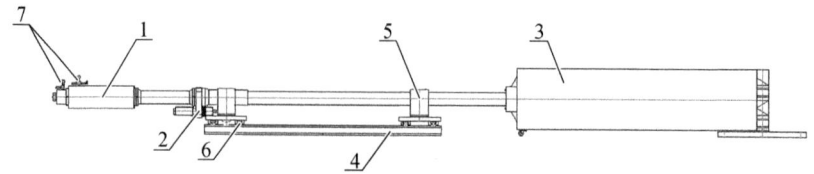

图 5.18 气炮组件系统组成

1. 炮体;2. 液压缓冲装置;3. 集壳器;4. 气炮架体;5. 发射管支架;6. 控制机构;7. 供气装置接口组件

试验时,先将炮尾内注入一定压缩气体,然后,气室内亦注入一定压缩气体,使活塞左右压力平衡,活塞静止,弹丸静止。当打开炮尾的电磁阀时,炮尾腔内压缩气体瞬间排出,活塞左右形成压力差,气室内压缩气体推动活塞向左运动,打开了发射管的通道,气室内的压缩气体进入发射管,推动弹丸向前运动,弹丸在压缩气体的作用下加速,直到飞离发射管。

2. 供气装置

供气装置通过软连接与气炮组件连接,可以将供气装置安装于平板推车上,根据现场实际位置摆放在气炮移动平台附近,也可以安放在气炮移动平台的空余位置,其主要由氮气瓶、空气压缩机、节流阀、卸压阀、中位闭合电磁阀、中位 ABT 通电磁阀等组成,如图 5.19 所示。

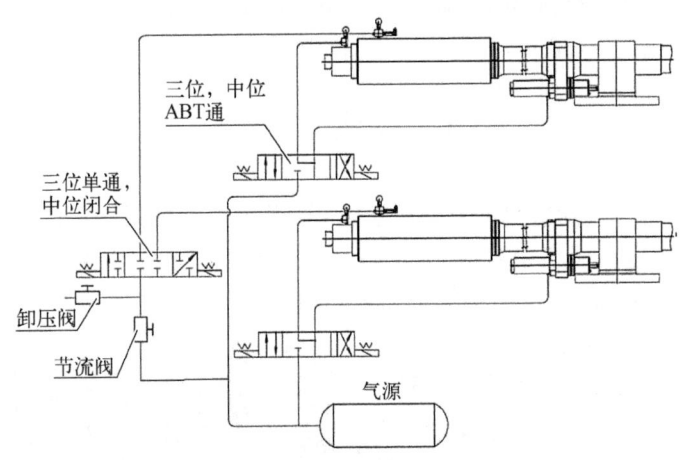

图 5.19　供气装置原理图

3. 测速装置

一般在空气炮出口不同距离安装两组或多组装置传感器,通过测量"鸟"通过

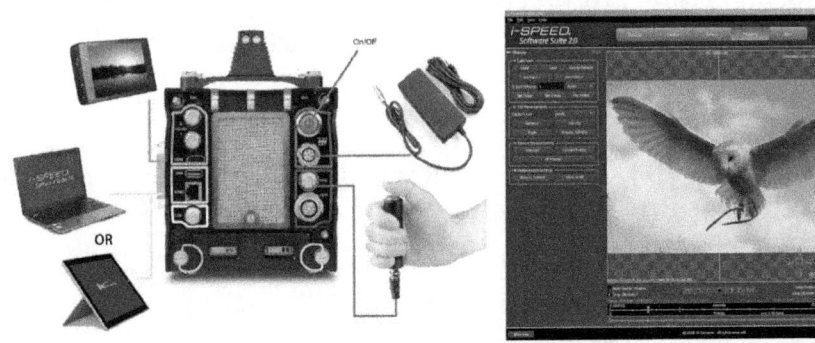

图 5.20　高速相机和控制软件

光学传感器的时间计算速度。也可以通过高速摄像拍摄装置跟踪被测试物体的移动轨迹及采集移动时间,并结合专业分析软件,利用高速摄像图像数字分析法精确计算物体飞行速度,高速相机及控制软件界面如图 5.20 所示。

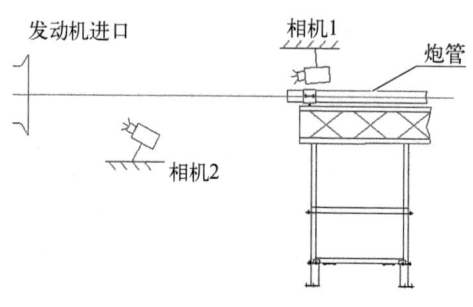

图 5.21 摄像系统的布置示意图

4. 摄像系统

摄像系统主要用来对吞鸟试验中的试验状态进行实时监控和记录。通过摄像系统,不仅可获得直观的鸟撞全过程图像记录,还可以得到相关的技术参数,如鸟体撞击前后形态、鸟体运动状态、撞击的部位、撞击时间等,摄像系统的布置如图 5.21 所示。

5.3 吞冰片试验

在飞机飞行穿过含有过冷水滴的云层时,云中存在的过冷水滴或过冷雨滴碰到机身后,有可能在飞机机身表面的某些部位迅速积聚结冰,积聚的冰可能因振动、气动载荷或防/除冰装置的作用而脱落。脱落后的冰被发动机吸入,对发动机叶片造成损伤,引起发动机的喘振、熄火等持续的功率或推力损失,图 5.22 所示为被脱落冰打伤的风扇叶片。发动机吞冰片试验可以考察进气道/短舱防冰系统迟滞开启时发动机吸冰的安全裕度,模拟防冰系统延迟开启时,进气道唇口、整流罩等发动机正面所形成的大块冰层脱落被发动机吸入的情况。

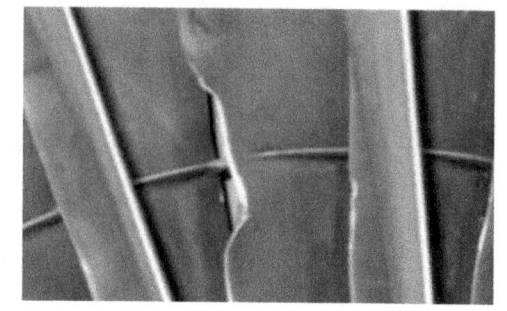

图 5.22 被脱落冰打伤的风扇叶片

5.3.1 吞冰片试验要求

《航空发动机适航规定》(CCAR-33-R2)和 GJB 241A-2010 要求开展发动机整机地面吞冰试验,考核、验证发动机吞冰能力。

上述规范主要是从冰片密度、冰片尺寸和数量、吸冰速度、发动机工作状态等对发动机吞冰片试验提出了具体要求。

冰片密度: $0.8 \sim 0.9 \text{ g/cm}^3$。

冰片尺寸和数量: 根据进气道面积和飞机进气道形状由使用部门确定;或者按

所配装的飞机可能形成的冰片确定或使用质量和厚度与该发动机尺寸可比拟的一块冰,并经订购方认可;通用规范提出冰片最大尺寸为 76 mm×229 mm×6 mm。

冰片投送方式:由发动机自行吸入。

发动机运行状态:起飞和巡航,发动机转速为最大推力状态转速和最大连续转速,发动机在最大巡航功率或推力状态。

合格判定:不发生熄火,推力恢复时间不超过型号规范的规定值,持续推力的损失不超过此工作状态推力的 10%,并且不造成引起飞行安全的主要结构损坏。不引起持续的功率或推力损失;不导致发动机停车。

除上述基本要求外,相关标准、规范对吞冰片试验补充了相关说明:

(1) 试车台应有一套将冰片导入发动机的专用设备;

(2) 试验用的喂冰片设备应能把型号规范规定重量和尺寸的冰片导入发动机进口并被发动机吸入,保证冰片在与发动机整流罩、整流支板及压气机静子或转子叶片接触之前冰片结构的完整性;

(3) 冰片可以从任何角度导入发动机进口,建议把喂冰片设备安装于发动机侧面,以免试验时影响摄影摄像效果;

(4) 利用开模冷冻的方式制冰,放在 $-20 \sim -10$ ℃ 条件下冷冻 48 小时。

5.3.2 吞冰片试验方法

1. 试验前工作

试验前把发动机安装在试车台上,在发动机进口安装投冰装置(投冰装置的功能是在发动机预定状态工作下,把冰片送入发动机),并对发动机进行调试,确认发动机及投冰装置工作正常。试验时主要测量发动机的推力/功率损失及其恢复时间,在发动机进口进行高速摄影,以观察发动机吞冰片情况。

2. 吞冰片试验流程

发动机吞冰片的试验流程如图 5.23 所示:

(1) 起动发动机,经过慢车、暖机到达试验状态,如图中 oa 阶段;

(2) 在试验状态稳定一段时间后,检查投冰装置、摄影系统和所有测试仪器等,如图中 ab 阶段;

(3) 在图中 b 点发出抛冰片指令,接通高速摄影系统和参数自动记录;

(4) 在 bc 阶段进行发动机由不稳定工作状态至稳定工作状态所需时间,如在这段时间内,发动机工作异常(如自动熄火、爆炸、叶片击穿机匣飞出等),则应立即停车,中断试验;

(5) 在 cd 阶段发动机开始稳定工作后再保持稳定工作一段时间,进行吞冰片后发动机稳态工作参数录取;如果发动机工作正常,经 de 阶段正常停车。

发动机吞冰片试验主要测量的参数包括:

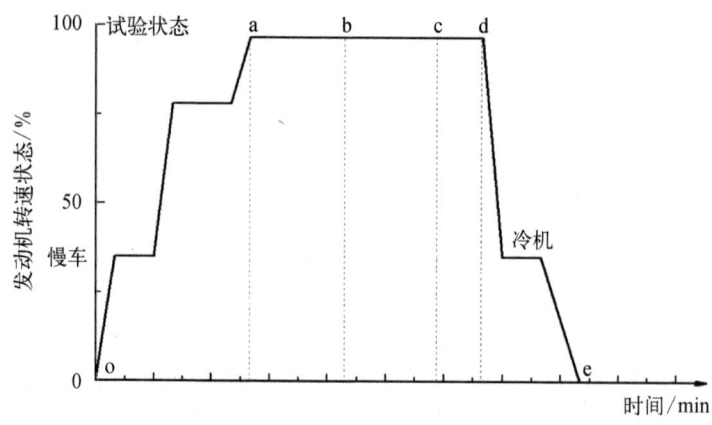

图 5.23　发动机吞冰片试验示意图

(1) 发动机状态参数：如进气总压、总温、推力、转速、空气流量、燃油流量、排气温度等；

(2) 发动机监控参数：如振动、压力脉动、主要截面的温度和压力等；

(3) 其他：如发动机进口高速摄像、环境参数(如大气压力、大气温度、风速风向)等。

3. 试验后工作

(1) 检查分析试验数据。主要分析发动机推力、排气温度、转速等的变化情况，如图 5.24~图 5.26 所示。

对比、分析吞冰片前后，推力、排气温度、转速等的变化情况，如果变化没有超过要求的范围，并且在规定的时间内恢复，试验通过。

(2) 对发动机进行外观检查。如果外观完整，各部件、系统连接稳定，试验通过。

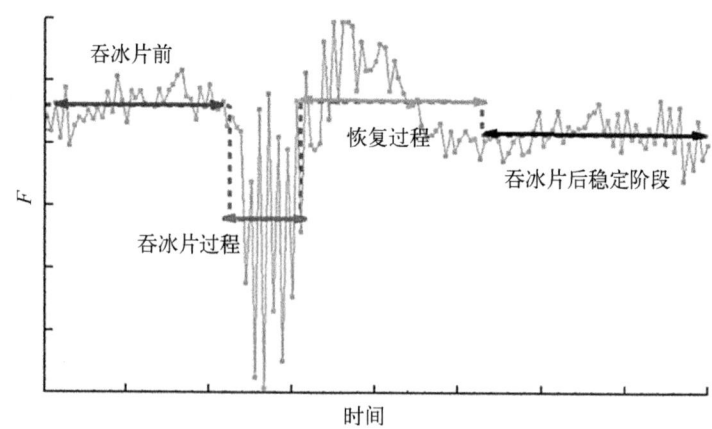

图 5.24　吞冰片前后推力变化情况

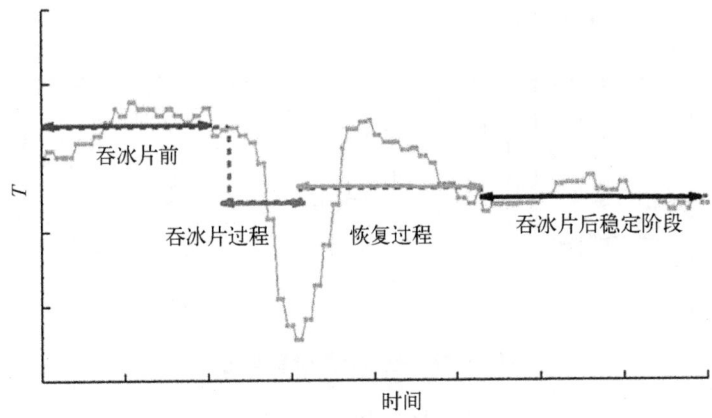

图 5.25 吞冰片前后排气温度变化情况

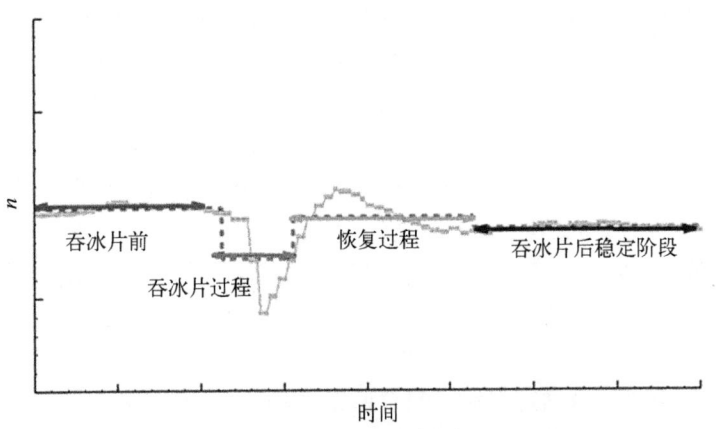

图 5.26 吞冰片前后高压转速变化情况

（3）发动机分解检查，检查风扇转子叶片是否打伤及打伤情况，检查其他零组件是否有异常损伤。如果打伤情况在要求范围内，试验通过。

5.3.3 吞冰片试验设备

在露天试车台开展发动机吞冰片试验的试验设备，除发动机试车台架和发动机工艺设备外，主要是投冰装置和高速摄像仪。

投冰装置可由多个投冰单元组成，沿进气道圆周方向均布，可实现单点投冰、多点同时投冰和多点连续投冰，模拟进气道周向不同位置结冰层的脱落情况，使冰片撞击叶片的位置与实际情况更加接近，如图 5.27 和图 5.28 所示。投冰单元位于工艺进气道唇口外侧后方，最大程度减小设备对发动机进气流场的影响。

投冰单元安装在进气道上，进气道壁面按投冰位置开投冰方孔。投冰方孔的

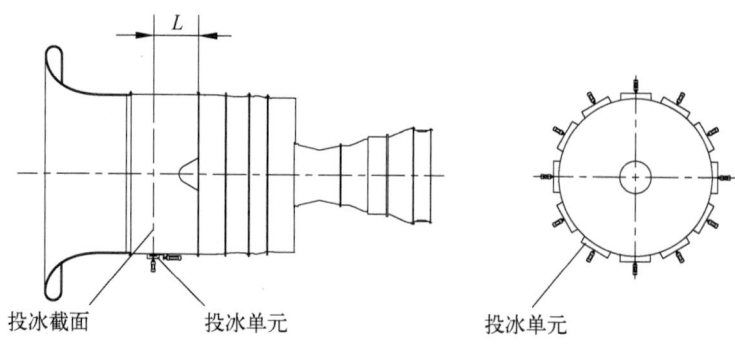

图 5.27　投冰装置位置简图

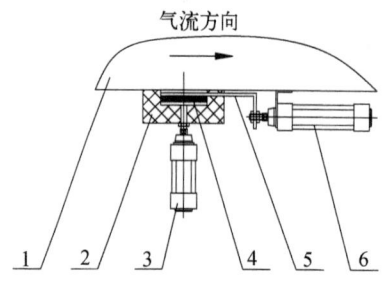

图 5.28　投冰装置的系统组成

1. 进气道；2. 冰盒及保温层；
3. 送冰气缸；4. 冰片；5. 挡板；6. 挡板开关气缸

尺寸、投冰截面与发动机进口的距离 L、投冰单元在进气道上的布置等要满足试验要求。

投冰单元结构如图 5.29 所示，投冰前挡板关闭，保持进气道内壁平整，投冰时由气缸迅速将挡板拉开，然后由送冰气缸将冰片从冰盒中推送出去，使冰片被发动机自然吸入。冰片推送行程终点为冰片托板与进气道内壁平齐位置，使机构送冰后仍能保证流道基本平整，保持气缸位置不变，直至试验结束后气缸退回原位。

为保证试验的顺利进行，还应采取以下辅助措施：

（1）通过换热计算确定保温材料及厚度，保证冰片不融化；

（2）在冰盒内壁面及冰片隔板表面制作防水涂层和积水网格避免粘连；

（3）采用减振隔离技术避免冰盒与进气道硬连接，减小冰盒振动以保持冰片的完整性；

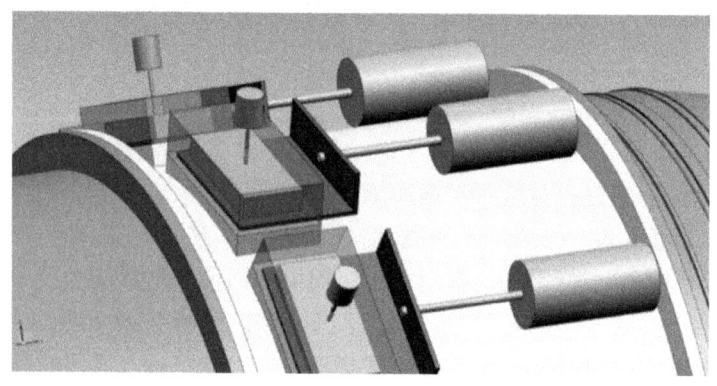

图 5.29　投冰单元结构简图

（4）使用气缸推送冰片，保证在非常短的时间内到达指定位置，模拟冰片突然脱落被发动机吸入的情况，实现定点、定量的机构控制；

（5）为了保证高速摄像仪拍照和观测的需要，试验时应配有探照灯组。探照灯采用直流电供电，以避免由于交流电产生的明暗交替问题影响高速摄像装置的照明要求。高速摄像机朝向发动机的进口，可记录下冰片与风扇叶片相撞的瞬间，从而监视冰片是否打到了指定的位置，并评估其碰撞后的运动轨迹。

5.4 吞雹试验

飞机在飞行过程中有可能遇到暴风挟持大量冰雹（冰雹和冰风暴）的恶劣气象环境，在此气象条件下，大量冰雹撞击而来，会对发动机短舱、整流罩或风扇叶片造成损伤，一部分冰雹甚至会进入核心机，进入核心机的冰雹会直趋进入高压压气机，熔化生成液体的水或者水蒸气，造成发动机喘振或熄火，影响发动机的安全性。在遭遇冰雹的极端条件下，曾经有过多起由于发动机功能不正常引起的发动机推力损失和不稳定导致的强迫着陆和事故发生。

吞雹能力验证是航空发动机军用规范和民航适航性要求规定的试验项目之一，目的是评定发动机在降雹环境下的使用性能和抗冰雹冲击的能力，验证冰雹冲击对发动机的影响及后果。通过地面吞雹试验验证在规定冰雹数量、规格、速度、撞击位置和发动机工作状态下，冰雹对发动机结构损伤和推力损失的程度。

5.4.1 吞雹试验要求

CCAR-33-R2 第 33.78 条对吞雹试验的要求：当航空器在最大高度达 4 500 米（约 15 000 英尺）的颠簸气流中飞行的典型飞行条件下，发动机在最大连续功率状态下以最大真实空速吸入大冰雹（比重在 0.8~0.9）之后，不得引起不可接受的机械损坏或不可接受的功率或推力损失或者要求发动机停车。

发动机必须证明当其突然遭遇浓度达到规定标准的冰雹时，在任何连续 30 秒的降雹周期内发动机不熄火、不降转、不发生持续或不可恢复的喘振或失速，或不失去加速和减速的能力，还必须证明吸入之后没有不可接受的机械损坏、不可接受的功率或推力损失或其他不利的发动机异常情况。

GJB 241A-2010 第 3.8.6.3 节对吞雹试验的要求：发动机应能吞入冰雹，而不发生熄火，推力恢复时间不超过型号规范的规定值，持续推力损失不超过此工作状态推力的 10%，并且不造成引起飞行安全的主要结构损坏。

适航规定和通用规范主要是从冰雹的密度和尺寸、冰雹数量、冰雹撞击位置、冰雹撞击速度和发动机运行状态等方面对发动机吞雹试验提出了具体要求。

密度和尺寸：冰雹的规格包括直径 25 mm 和 50 mm，密度为 $0.8~0.9$ g/cm^3。

冰雹数量：适航规定中要求进气道面积不大于 0.064 m² 时，为 1 颗直径 25 mm 的冰雹，进气道面积大于 0.064 m² 时，每 0.096 8 m² 面积或其余数，为 1 颗直径 25 mm 和 1 颗直径 50 mm 的冰雹。通用规范中要求进气道面积不大于 0.25 m² 时，吞入一个直径 50 mm 的雹块和两个直径 25 mm 的雹块；每增加 50% 以上的面积，就得增加一个直径 50 mm 的雹块和两个直径 25 mm 的雹块。

遭遇浓度达到适航规定附录 B 中定义的审定标准的冰雹时，冰雹数量非常多。例如：当飞机在 3 600~4 570 m（约 12 000~15 000 ft）的高度飞行时遇到冰雹，按适航规定附录 B、表 B2 合规审定标准的大气冰雹浓度，冰雹水含量为 10 g/m³（水/空气），如果此时发动机的空气流量为 500 m³/s，30 s 内需要吞入含水量为 150 kg 的冰雹。

冰雹撞击位置：一半数量的冰雹应随机投向整个进气道正前方的区域，而另一半则应投向进气道正前方的关键区域。其中关键区域的选取以对进口的风扇叶片损伤和进入核心机后的气动稳定裕度损失的综合影响为目标，主要为风扇叶片凸肩、风扇叶尖、叶根、核心机主流道、帽罩等。

冰雹撞击速度：要求模拟飞机在最大高度达 4 500 m 的颠簸气流中飞行的典型飞行条件下，发动机以最大真实空速吸入冰雹的速度而确定。对于一般的大涵道比发动机，冰雹的投射速度在 500~700 km/h。

发动机运行状态：一般要求试验在发动机最大连续状态下进行，吸雹后继续在原状态运转 5 min，检查发动机推力恢复时间与推力恢复程度。

5.4.2 吞雹试验的流程

吞鸟雹试验主要由冰雹制备、校准试验、高速摄像及补光装置调试、发动机调试试车及空炮试验和吞雹试验组成，具体内容如下。

1. 冰雹制备

吞雹试验前，应制备足够的冰雹，以满足试验需求。冰雹的制备通常在一定的环境温度下，用水和模具制备。

制作冰雹时应注意以下几点：

(1) 制作冰雹时可在冰雹内部加入医用棉絮等材料，用来增加冰雹韧性；
(2) 提高苏打水含量可降低冰雹的密度；
(3) 为保证冰雹吸入过程能够被清晰记录，可对冰雹进行着色处理；
(4) 制作的冰雹应在 -10~-20℃ 条件下冷冻 48 h，并进行密度测量。

2. 校准试验

为保证吞雹试验中投雹装置所发射的冰雹能够以指定的速度撞击到发动机的预定位置，需要试验前进行冰雹发射校准试验，调试冰雹的发射速度和位置。

冰雹发射速度调试主要通过调整投雹装置的高压空气气动压力，实现不同的气动压力对应不同的发射速度。通过改变气动压力，进行多次冰雹发射，并定出气动压力与冰雹发射速度之间的关系曲线。

冰雹撞击位置调试主要通过炮筒位置调整与校靶实现,其原理如图5.30所示。校靶时可根据试车台架实际情况确定靶板安装位置,如靶板无法安装到风扇实际测量截面位置,可安装到炮筒出口截面与风扇截面之间的任意截面,确保靶板截面与风扇截面平行。位置确定后,在靶板上标记出冰雹撞击的位置,所使用的每隔炮筒均需要校靶。

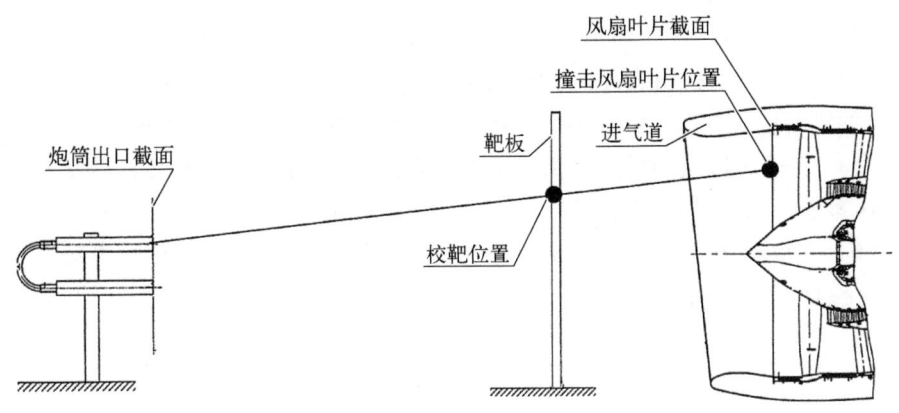

图5.30 靶板的相对位置

3. 高速摄像及补光装置调试

进行正式吞雹试验前,需按照图5.31所示布置4台高速摄像机,位置分别为发动机正前方①,发动机侧前方②,尾喷口侧后下方③,在发动机右前下方额外布置一台高速摄像机④用来确定冰雹速度及撞击发动机前的飞行轨迹。

补光设备根据试验现场光照情况灵活调整,保证摄影效果。

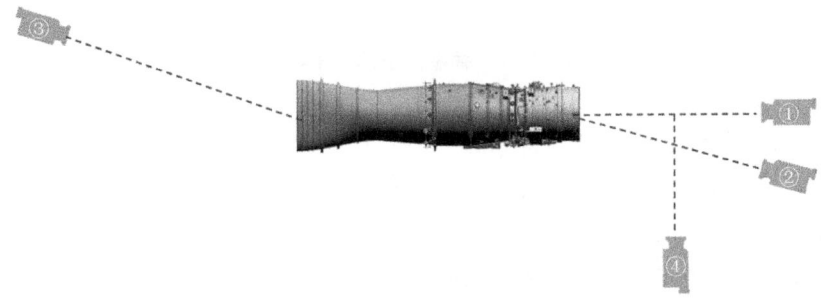

图5.31 高速摄像系统现场布置示意图

4. 发动机调试试车及空炮试验

在正式吞雹试验前按吞雹试验程序进行发动机调试试车并进行空炮试验,模拟正式吞雹试验条件而不发射冰雹,检查发动机各项功能及转速振动情况,验证冰雹发射气体对发动机稳定性的影响。

5. 吞雹试验

发动机吞雹试验的流程如图 5.32 所示:

(1) 起动发动机,经过慢车、暖机到达试验状态,如图中 oa 阶段;

(2) 在试验状态稳定一段时间后,检查投雹装置、摄像系统和所有测试仪器等,如图中 ab 阶段;

(3) 在图中 b 点发出投冰雹指令,接通高速摄影系统和参数自动记录;

(4) 在 bc 阶段进行发动机吞雹后的性能恢复,如在这段时间内,发动机工作异常(如自动熄火、爆炸、叶片击穿机匣飞出等),则应立即停车,中断试验;

(5) 在 cd 阶段发动机开始稳定工作后再保持一段时间,进行吞雹后发动机稳态工作参数录取;如果发动机工作正常,经 de 阶段正常停车;

(6) 试验后,目视检查发动机外观和进出口可见部分,用孔探仪对发动机流道内进行检查,拍照并记录。

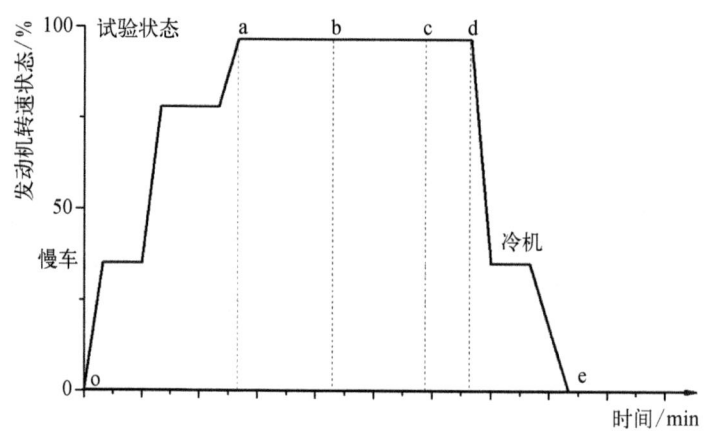

图 5.32 吞雹试验的试车程序

5.4.3 吞雹试验设备

整机吞雹试验一般是在露天地面试车台上进行,通常由试车台架、工艺系统、吞雹试验设备等组成,如图 5.33 所示。

吞雹试验设备主要由投雹装置、测试系统、辅助装置等组成。投雹装置即空气发射炮,通常由多组气炮固定在移动平台上,结构形式与吞鸟设备中的气炮组件类似,这里不再赘述。

1. 测试系统

为了准确评估冰雹撞击后对发动机结构和气动稳定性的影响,试验要具备功

图 5.33 投雹装置

能完整、准确度高的测试系统。

(1) 通过常规参数测量系统评估冰雹对发动机性能的影响,需重点关注冰雹撞击后高低压转子转速、排气温度、振动脉动等参数。

(2) 通过固定在风扇机匣、轴承座和安装系统的应变片和振动传感器,测量应力和振动情况,得到冰雹撞击引起的转子振动和应力水平。

(3) 为了保证发动机进口的冰雹满足试验指标要求,需进行冰雹速度、位置测量,并对冰雹和风扇叶片的颜色进行标识。

2. 辅助装置

为了真实模拟飞行中发动机的试验需求,一般吞雹试验台架还需配备如下装置:

(1) 使用飞机进气道或等效替代品,模拟发动机安装在飞机状态下的进口安装结构和安装系统的受力;

(2) 使用高速摄像机及配套灯光,覆盖发动机进口与喷口等关键部位,清晰记录冰雹撞击全过程、叶片变形和发动机工作状态等,摄像布局如图 5.31 所示;

(3) 设置防护装置、用于安全防护与高能碎片的收集,保证试验设备、人员的安全。

5.5 吞砂试验

2010 年,位于冰岛南部的艾雅法拉火山于 3 至 4 月连续两次爆发。火山灰随着风向逐渐南飘,导致大量航班取消,机场瘫痪,部分国家领空关闭。由此可见火山灰对飞机、发动机的危害很大。火山灰的微小颗粒会阻塞空速传感器——皮托管,使皮托管产生错误读数,影响飞行员判断,严重时会导致飞机失速;火山灰进入发动机内部,遇热融化又凝结形成固态凝结体,很难清理;火山灰侵蚀压气机叶片,钻入并阻塞发动机的零部件,如喷嘴、冷却孔、油滤等,严重影响发动机工作能力。

砂尘对航空发动机的影响与火山灰的影响类似。飞机在起降过程中,发动机往往会吸入由风或飞机旋翼、尾迹扬起的浮尘或砂粒,吸入砂粒会对发动机造成很大伤害,大的砂粒可能导致压气机叶片磨蚀,效率下降,而小的砂粒可能导致涡轮冷却空气孔堵塞并引起涡轮叶片烧蚀,并可能进入轴承腔,污染滑油,磨蚀轴承。

为了测试发动机吞砂后的工作能力,世界几大航空强国均将新型发动机的吞砂试验作为设计定型的必要测试项目,如美国通用电气公司对TF34、CF-6等发动机进行了吞砂试验,英国RR公司完成了奥林巴斯593发动机的吞砂试验,俄罗斯完成了TB2-117发动机吞砂试验,验证了发动机抗砂尘能力,并以此来指导发动机的设计与制造。

因此,通用规范要求开展发动机吞砂试验,研究和验证发动机在一定时间吞入一定量要求的砂粒后的性能、功能变化以及对发动机内部的危害情况。

5.5.1 吞砂试验要求

GJB 241A-2010对发动机吞砂试验的要求如下。

发动机包括所有附件在内,在空气含砂尘浓度 0.053 g/m^3 的地面环境条件下,应能在整个工作范围内满意地工作。发动机及其附件应能在规定的砂尘浓度及最大连续推力状态下(或最大连续功率状态下)工作,总工作时间至少 10 h,其推力损失不大于 5%,耗油率增加不大于 5%,并且不影响推力瞬变的能力。

试验发动机在最大连续推力(或最大连续功率)状态下,进行持续 10 h 的运转,把砂子污染物引入发动机进气口。在每运转 1 h 的过程中,发动机应至少进行一次到慢车的减速和最大连续推力(或最大连续功率)的加速,并在 0.5 s 内移动油门杆。如果发动机装有防冰系统,在第 1 h 的运转过程中,防冰系统应该接通 10 次(每次工作 1 min)。在全部试验中,应对从发动机中引出飞机系统最大引气量的空气进行连续过滤,测量总沉积物的重量,并写入报告。试验完成后,将发动机分解,检查发动机零件的磨损程度以及砂可能进入发动机内部空气冷却系统危险区域的程度。如已达到试验要求的性能标准,则应判定为试验合格。

通用规范对砂石浓度、砂石组分、吞砂时间、发动机工作状态等进行要求,例如:

砂石浓度:0.053 g/m^3;

吞砂时间:至少 10 h;

发动机工作状态:最大连续推力状态、至少 10 次慢车到最大连续推力的加减速、至少 10 次防冰系统接通、试验中保持最大引气量并进行连续过滤;

砂石组分:规定了砂粒大小及所占比例,要求夹杂物应包括石英粉末。

从通用规范可以看出,发动机开展吞咽试验主要是从砂石组分、砂石在每立方米空气中的浓度和喷射时间、发动机工作状态、合格判据等方面提出了具体要求。

合格判据:对于发动机主要监控推力、耗油率和涡轮前温度。推力的损失应该在恒定的涡轮温度而不是转速下验证。耗油率的损失应在恒定的推力输出条件下进行验证。

我国军用规范与美国 JSSG 规范针对上述因素存在一些不同。尤其是不区分粗砂试验和细砂试验,而对试验状态和试验时间的要求非常明确,即发动机应在最大连续推力(或最大连续功率状态下)的状态下,进行持续 10 h 的运转。这主要是由于我国军用规范并没有根据各型号的不同任务和不同作用来进行调整,同时在 1994 年发行该标准时美国应该还没有 2 h 加速试验的相关内容。从美军相关资料可知,不同发动机的试验要求并不相同,如空军 ATF 砂石和灰尘要求是 MIL‐E‐5007D 和 MIL‐E‐8593A 中的砂石和灰尘污染要求,在空气含砂尘浓度为 53 mg/m³,持续时间为 2 h,推力损失和耗油增加不超过 10%,但有的发动机则要求持续时间为 20 h。对于压比较高的发动机而言,功率和耗油率损失的恶化系数近似相等。对于直升机发动机,其压比较低,功率损失比耗油率损失得更快。

5.5.2 吞砂试验的流程

1. 吞砂量计算

在给定工作状态下,发动机进气中的含砂量由公式(5.7)确定:

$$m = \frac{0.06 \cdot t \cdot k \cdot W}{\rho} \tag{5.7}$$

其中,k 为空气中砂尘浓度,单位为 g/m³;W 为发动机空气流量,单位为 kg/s;t 为给定状态下发动机持续工作时间,单位为 min;ρ 为空气密度,单位为 kg/m³。

2. 吞砂试验设备调试

吞砂试验设备的工作能力会直接影响到发动机吞砂试验,因此必须在吞砂试验前进行设备调试及参数摸底,确保设备可正常投入使用,具体内容如下:

(1) 检查试验用砂尘的总量、组分、尺寸、干燥程度等是否满足试验要求;

(2) 检查喷砂试验装置的供气系统、计量器、喷砂嘴是否完好,可以将砂尘按照试验要求的浓度、均匀性喷出;

(3) 检查空气过滤装置,确保空气过滤装置能够连续过滤从发动机引出空气中的砂尘,并把砂尘沉积物保留。

3. 吞砂试验

发动机吞砂试验主要包含粗砂试验和细砂试验,用来研究和验证不同的喷砂条件下发动机的性能、功能变化以及对发动机内部的危害情况。

发动机吞砂试验的具体操作如下：

（1）吞砂试验前完成发动机和台架各系统间的联合调试，检查发动机性能和台架各系统的匹配性；

（2）吞砂试验前，调试吞砂试验设备，保证吞砂试验装置可以将砂尘按照试验状态点的浓度均匀性喷出；

（3）起动发动机，按照图 5.34 所示的试车程序进行吞砂试验，在每运转 1 h 的过程中，发动机应至少进行一次到慢车的减速和最大连续推力（或最大连续功率）的加速，按照试车程序要求完成所有台阶内容，发动机停车。

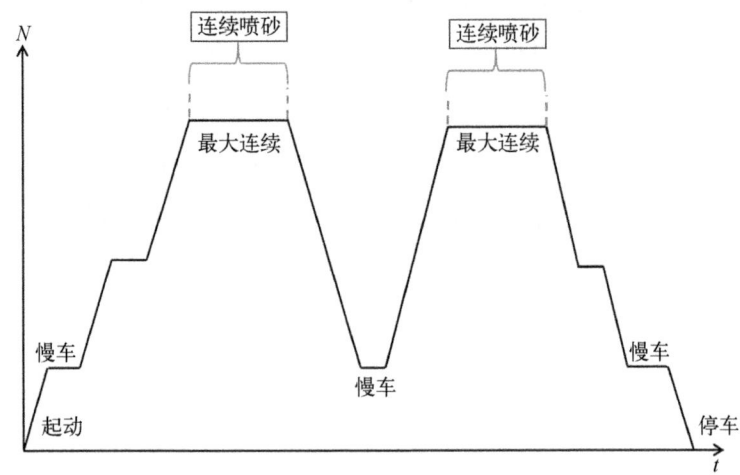

图 5.34　吞砂试验试车程序

5.5.3　吞砂试验设备

整机吞砂试验一般是在露天地面试车台上进行，通常由试车台架、工艺系统、吞砂试验设备等组成，如图 5.35 所示。

吞砂试验设备由喷砂试验装置、引气过滤系统等组成。喷砂试验装置用于模拟砂尘天气条件，并能按规定的砂尘浓度把砂尘均匀引入发动机进口；引气过滤系统由发动机引气设备和空气过滤装置组成，应能把从发动机引出空气中的砂尘连续过滤，并收集引气中的砂尘沉积物，以分析引气质量是否达到发动机系统要求。

1. 喷砂试验装置

喷砂试验装置主要由砂箱、计量器、喷砂嘴、供气系统、整流筒、支架等组成，如图 5.36 所示。砂尘存放于砂箱中，经过计量器、喷砂嘴，按试验要求的浓度均匀喷出。

第 5 章　吞咽试验　131

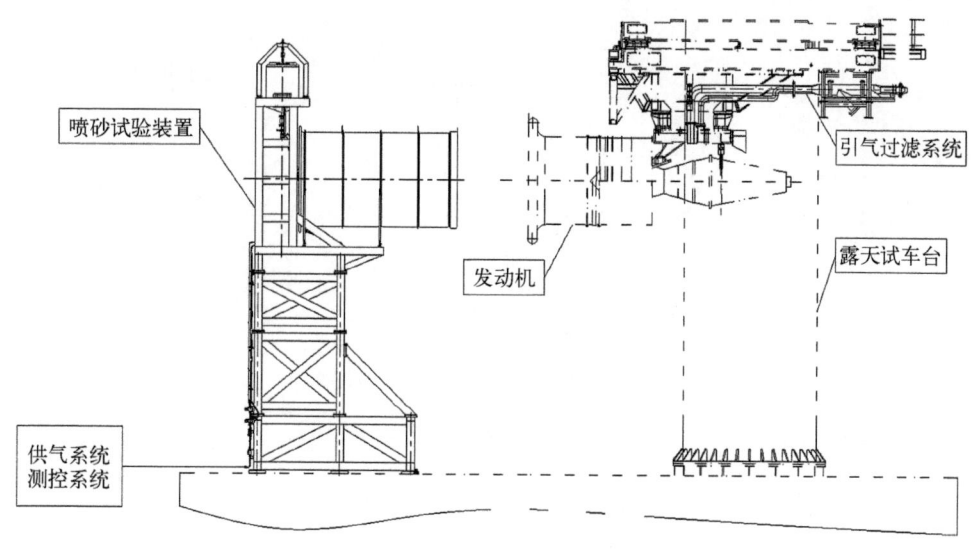

图 5.35　吞砂试验

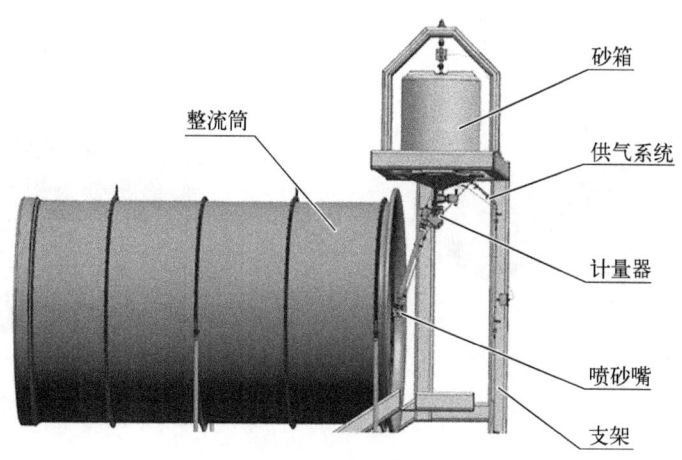

图 5.36　喷砂系统

1) 供气系统

供气系统分为三个供气支路,一条支路接入砂箱底部气动夹管阀,控制砂箱的开启、关闭;一条支路接入计量器,控制喷砂流量;一条支路接入喷砂嘴,控制喷砂均匀性,如图 5.37 所示。

2) 计量器

计量器主要用途是使砂尘按既定流量从计量器流出,其主要由喷嘴、机匣、调节螺栓等组成,如图 5.38 所示。计量器连接供气系统,通过调节供气系统的压力、流量等参数保证砂尘按试验要求流量喷出,具体参数应在试验前调试时确定。

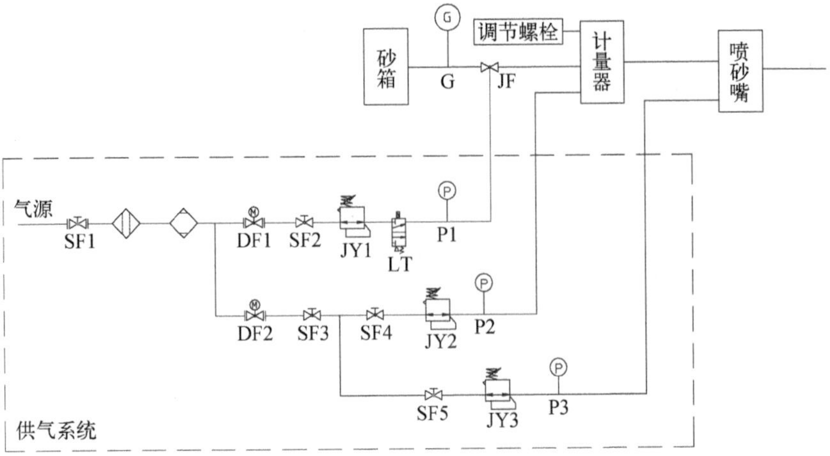

图 5.37 供气系统原理图

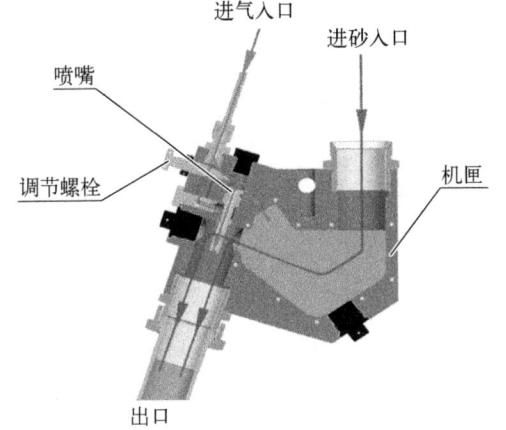

图 5.38 计量器原理图

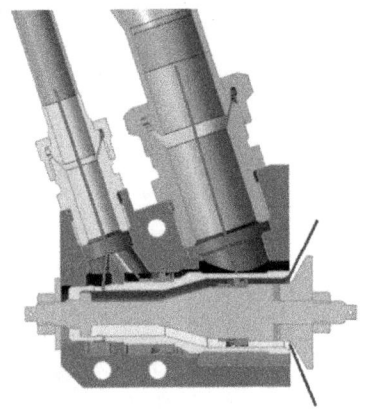

图 5.39 双旋流式喷砂嘴

3) 喷砂嘴

喷砂嘴结构如图 5.39 所示,采用内、外两个旋流结构,通过气源供气,使砂尘以一定的速度,沿圆周方向喷出。

4) 计量称重系统

砂箱上方安装称重传感器,用来测量砂箱重量的变化,该变化值即为喷出的砂尘量,如图 5.40 所示。

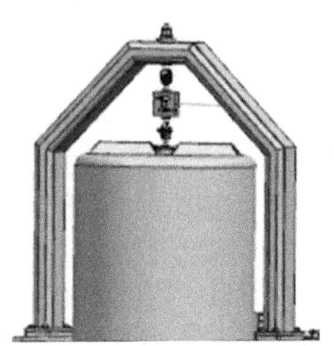

图 5.40 计量称重系统

2. 引气过滤系统

引气过滤系统应能把从发动机吞砂试验过程

外涵、内涵引出空气中的砂尘进行连续过滤,并把砂尘沉积物保留至试验结束,试验后测量总沉淀物,从而分析引气质量是否达到飞机系统要求。

　　为实现对引气中沙尘的过滤及存储功能,考虑在内、外涵引气管路中段安装 Y 型过滤器,实现过滤功能的同时存储滤出的砂尘,过滤器后安装引气测量段及当量喷嘴。

第 6 章
包 容 试 验

  2021 年 2 月 20 日,美国联合航空公司一架客机从美国丹佛国际机场起飞后,右侧发动机外壳解体并爆炸起火,如图 6.1 所示。飞机被迫返回丹佛国际机场并安全着陆,返航途中发动机碎片掉落,所幸没有造成人员伤亡。出事飞机为波音 777-200,已经飞行 26 年,使用的是普·惠公司生产的 PW4000-112 发动机。事故调查报告显示,有两个发动机风扇叶片发生了断裂。一个风扇叶片在底部后缘上部约 20 cm 的位置发生了断裂,断裂表面与疲劳断裂特征一致。另一个发生断裂的叶片显示出过载失效特征,与二次损伤特征一致。

图 6.1 爆炸起火的发动机

  航空发动机的转速非常高,每个转子叶片叶根承受的离心力高达几十吨,虽然航空发动机在设计时对安全性均采用了安全设计,但在使用过程中也可能因发动机吸入外来物、生产制造的误差和违反使用要求等原因,引起压气机或涡轮叶片断裂。当叶片发生脱落时,会在巨大的离心力作用下,以强大的能量飞出。脱落的叶片可能会穿透发动机击中飞机上的油管、油箱或飞机结构件,造成灾难性的后果。此时,即使机匣能够包容,机匣的过度变形可能损坏进气机匣或风扇后机匣的连接螺钉,过度变形的机匣与余下叶片的相互作用会造成这些叶片失效或断裂,进而引起一些叶片脱落,造成转子严重不平衡,引起发动机振动,损坏盘传动轴,最终危害飞机的飞行安全。上述事故,就是由于一个风扇叶片疲劳断裂,引起第二个叶片断裂,叶片虽被机匣包容,但造成发动机失效。因此,发动机的包容性受到高度重视,成为发动机研制取证至关重要的考核项目。

叶片包容试验的目的是验证转子叶片因受到外物撞击或是疲劳损伤等原因断裂脱落后,机匣是否具有足够的包容能力。

6.1 包容试验种类

航空发动机机匣包容性过程是一个非常复杂的瞬态动力学问题,涉及结构的大变形、材料的黏塑性变形、失效以及复杂的接触等问题。叶片与机匣的撞击属于碎片的不规则撞击范畴,包含各种非线性特性。研究机匣的包容性,最直接的方法就是进行真实发动机的包容性试验,国外航空发动机公司使用专门的室外试验台架进行风扇叶片的包容性试验。民用的发动机,在取得民航管理部门的适航证前都需要通过试验,验证其包容能力。

在发动机研制过程中,为减少成本,降低最终包容试验失败的风险,通常先进行弹道冲击试验或在专门的高速旋转试验台上进行叶片包容性能试验,这样可以有效降低试验成本,以便及早地发现设计中所存在的缺陷,结合数值仿真,从材料动态响应、高速冲击损伤等方面研究高速飞断叶片撞击机匣的机理,对机匣包容性设计具有很大的参考价值。

一般来说,研究航空发动机机匣的包容性试验有四类。

第一类:打靶试验(ballistic impact test)。利用空气炮等装置发射高速弹体撞击试样。此法相对简单、成本低,主要是验证撞击的影响和不同材料的经验系数,以及单层、多层包容机匣的承载能力。这些基础性的试验数据可以为初始设计提供数据保证,也要注意弹体与靶板的结构形式、弹体撞击靶板姿态等与真实机匣/叶片包容试验的情况有较大区别。

第二类:部件包容试验(component containment test)。在高速旋转试验台上,某一级风扇、压气机或涡轮转子和机匣安装于高速旋转试验腔内,使叶片在预定的转速范围从根部断裂、飞出,撞击机匣,以验证机匣的包容能力。部件包容试验具有相对成本低、周期短、试验结果可以直接应用等优点。根据研究目的的不同,可进行单叶片、多叶片或全叶片飞出试验。

单叶片试验的主要目的是研究叶片的飞行轨迹以及与机匣的碰撞姿态,以确定机匣受撞击时的瞬态应变响应,为验证和建立包容曲线提供试验依据。

多叶片或全叶片飞断试验,主要验证叶片飞出对机匣和其余叶片的影响,通常在试验中会损坏几个叶片,能较真实地模拟在发动机实际工作时叶片飞出后机匣的包容能力;能够详细记录碎屑轨迹、叶片交互作用和机匣偏移等信息,为改进设计以及性能研究提供依据。

叶片飞出试验一般在真空环境下进行,这样可以降低驱动能量,简化试验设备,降低试验成本。但在真空环境下,叶片上没有气动载荷,叶片飞出轨迹和能量等参数需要修正。

第三类:台架包容试验(rig test)。试验时除转子和机匣外,还包含发动机旋转部件及安装附件等,试验转子通过电机驱动增速齿轮箱后带动。与部件试验相比,此项试验不仅可以验证机匣的包容性,还可以验证发动机安装结构件承受冲击载荷的能力。

在试验时,要求安装在试验器的发动机的受力情况能够较真实地模拟装机条件下的发动机的受力情况,因此,在试验器上进行试验时,应考虑轴功率输入的影响以及进一步的损伤、作用在发动机其他零件上的重大不平衡力和可能引起的轴破坏等因素。在对试验结果的评估中,主要看飞出的叶片是否被机匣包容,是否引起了严重的二次破坏,各主要承力件是否可靠等。

第四类:整机包容试验(full engine test)。在室外露天试车台上进行真实发动机风扇叶片的包容试验,验证整机条件下发动机包容能力和工作能力,以获取航管部门颁发的适航许可证。由于试验具有很大的破坏性,试验后的发动机几乎报废,因此整机包容试验通常被安排为发动机研发与测试的最后阶段。

本书主要讨论整机包容试验。

6.2 包容试验要求

世界范围内的军、民用燃气涡轮发动机规范都无一例外地对包容性提出要求,内容基本相同,概括地说就是单个叶片在榫头以外截面断裂后应被包容,或者对整体叶盘必须至少单个叶片的80%破损并且被包容,由此引起的发动机损坏不能对飞机产生任何危险性影响。

按照通用规范,叶片包容性和转子不平衡试验中对包容试验的要求如下:

在下列条件下,通过发动机试验验证:发动机能包容损坏件至少运转15秒不着火,并且其安装节也不失效。

(1) 以最大允许转速工作时,一个最危险的压气机或风扇叶片破坏。叶片破坏必须发生在榫头最外面的榫槽处,或者对整体叶盘转子,至少一个叶片的80%必须破损。

(2) 以最大允许转速工作时,一个最危险的涡轮叶片破坏。叶片的破坏必须发生在榫头最外面的榫槽处,或者对整体叶盘转子,至少一个叶片的80%必须破损。确定最危险的涡轮叶片必须考虑涡轮叶片的重量和相邻涡轮机匣在与最大允许转速工作有关的机匣温度和压力下的强度。

上述要求主要体现为：

（1）发动机转速——发动机处于最大转速状态；

（2）叶片飞出部分——对带榫头的叶片：整个叶片（从榫头最外面的榫槽处破坏）；对整体叶盘转子：至少80%的叶片；

（3）机匣包容——机匣的强度足够将飞脱叶片包容；

（4）叶片飞出后，发动机状态——能够持续工作15 s，不能起火，安装架不会发生脱落。

从上述试验要求可以看出，规定要求在最大飞出能量的条件下，验证发动机的包容能力。

叶片飞出后，对发动机需要保持的状态也有要求，如咨询通报"AC33 - 5"：

（1）试验结束时，关键叶片断裂引起的损伤被发动机结构包容；

（2）产生的载荷不能造成发动机机匣扭曲、机匣安装边分开、转子分开或者其他损伤，不能着火（在外部或内部）或者破坏发动机安装节连接；

（3）在显示过大的振动或驾驶员可以得到的其他证据后，发动机至少持续运行15 s，然后成功拉停，或者造成的发动机损伤在初始的叶片飞出后的任何时刻，发动机自动停车。

6.3 包容试验关键技术

6.3.1 叶片飞断技术

在包容试验中，试验参数控制的最大挑战来自叶片飞断转速的精度控制，飞断转速直接影响试验结果，因此必须被准确地控制，特别是针对成本巨大的整机包容试验。在国内外开展的包容试验中，叶片飞断技术主要采用预制缺口、预制缺口与快速加热结合以及爆破技术。

1. 预制缺口法

预制缺口法是采用线切割在飞断截面预制缺口，缩小叶片飞断截面面积，使其在要求的离心载荷作用下率先被拉断。这种方法实施简单，在早期包容试验中被广泛采用。但由于受到材料分散性、加工误差及切口敏感性的影响，预制缺口法的飞断转速控制精度较低，在实际应用中通常会保守地预制缺口，导致试验需多次上下台，试验的成功率难以保证。

2. 预制缺口与快速加热结合方法

预制缺口与快速加热结合的方法是在叶片榫头处钻孔安装电加热棒，通过滑环给电加热棒供电，使榫头处局部温度快速升高，叶片拉伸强度随温度升高而降

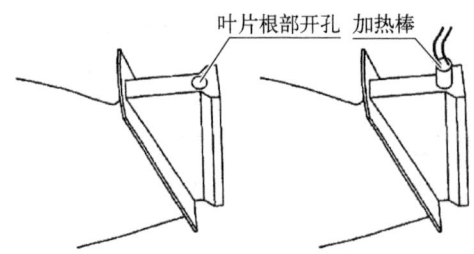

图 6.2 预制缺口与快速加热结合的方法

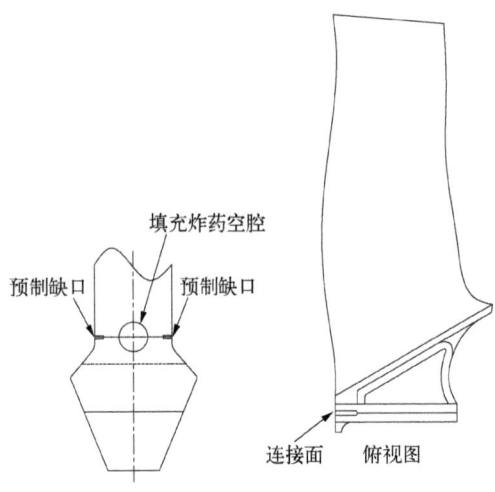

图 6.3 爆破法示意图

低,直至离心力将叶片拉断。该方法(图 6.2)相比于预制缺口法具有更高的转速控制精度,但只适合拉伸强度对温升敏感的金属材料,另外在部件级及整机包容试验中应用也面临布线困难的问题。

3. 爆破法

对于试验成本巨大的部件级、整机风扇叶片包容试验,采用预制缺口以及预制缺口与快速加热结合的方法飞断叶片难以满足试验需求,因此发展了能够在一定范围内准确控制叶片转速的爆破技术。

用爆破法,飞断发动机风扇叶片的改装如图 6.3 所示。在榫头处沿轴向钻孔放置炸药,在孔两侧的外部预制缺口,起爆系统放置于风扇轴内部,包括电池、电容器、触发电路。

爆破法的关键因素包括钻孔和预制缺口参数、爆破炸药及其用量、起爆方式等。叶片被爆破切割后能够在目标转速下被离心力拉断,爆破产生的冲击不影响试验结果,叶片飞脱转速实现精准控制。

6.3.2 响应测量技术

包容事件是非常复杂的非线性瞬态动力学问题,飞断叶片撞击机匣并受到后续叶片撞击、挤压而发生破裂,持续冲击机匣;叶片飞断后转子不平衡力瞬时增大,使转子运行轨迹发生变化,撞击机匣并对机匣产生摩擦扭矩,同时转子轴及轴承载荷急剧加大;由转子向静子转移的能量造成整个发动机结构之间发生复杂的动态载荷传递。在试验中的响应测量对于试验结果与仿真分析以及结构优化是十分必要的,但由于结构及载荷传递的复杂性增加了响应测量方案设计与实施的难度。在包容试验中会出现材料的塑性变形、大的位移、各结构间的高速碰摩、撞击,响应测量主要为撞击过程的影像记录以动态载荷响应测量。

1. 过程影像记录

撞击过程采用高速摄像技术进行记录,高速摄像是采用很高的帧频和很短的曝光时间进行拍摄的方式。20世纪70年代,胶片高速摄像机已用于科研,20世纪末至21世纪初,随着电子技术、计算机技术、新型传感器和大容量存储技术的发展,数字式高速摄像机发展迅速,为高速摄像技术的应用创造了良好条件。

在包容试验中使用高速摄像机进行撞击过程记录,需要设置适合的拍摄参数以及触发方式。拍摄参数设置主要是帧频设置,高的拍摄帧频能记录更短时间内发生的细节,但会缩短拍摄时间、降低画质以及提高照度要求,因此需要根据记录需求设置拍摄帧频,不能折中时需要增加高速摄像机数量。为保证拍摄到完整的叶片飞断及撞击机匣过程,需要设计专门的高速摄像触发系统。

2. 动态载荷响应测量

在包容试验中,动态响应测量主要包括振动及应力的测量。通过在机匣、转子、支撑系统以及安装节等零部件上布置测点,测量各结构特征点的振动、应力、载荷等,分析判断发动机运行状态,保障试验安全。

6.4 包容试验流程

发动机整机包容试验成本高,危险性大。要分析试验难点、掌握试验技术,要准备被试发动机以及试验、测试设备,按试验要求,开展试验,开展数据分析。周密策划,认真准备,努力做到一次成功。

6.4.1 试验准备

1. 确认发动机状态

确认发动机状态,包括发动机批号、主要部件(如反推装置、风扇等)状态等。

2. 试验设备

1) 试车台

发动机整机包容试验通常在露天试车台上进行,在露天试车台进行包容试验,有利于加装防护装置,能够最大限度地降低对周边设备设施的破坏,在一定程度上确保试验的顺利进行。

进行整机包容试验前,需要对露天试车台进行相应的防护。首先,根据试车台周边的设备设施及位置确定合适的防护形式,如固定防护装置、临时防护装置及管理措施等;其次,根据试验过程中叶片飞出的最大能量计算防护层厚度;最终,根据试验安排进行防护装置的施工。一般情况下,试车台架主体的防护采用钢板,而为了保证叶片沿发动机切线方向飞出时,碎片不会直接撞击到台架两侧厂房及设备设施,通常在试车台架两侧堆放沙袋。沙袋四周辅以脚手架防止沙袋跌落,脚手架和沙袋之间设置木板作为衬板;为防止倾覆,设置配重沙袋;为防止雨雪天气情况下沙袋浸水,重量增加,需配备防雨布。

发动机连接到试车台上的安装方式应与发动机安装到飞机的结构形式保持完全一致。试验中使用的飞机进气道、飞机交流发电机和飞机液压泵均选用等效替代品,其重量、静悬挂力矩均要满足相关试验要求。

2) 工艺及测控系统

试车台工艺系统、电气系统、测试系统等均需满足发动机试车要求。

试车台测试系统包括温度测量采集、压力测量采集、通用数据采集等。测试用的仪器仪表、受感部均经校准,在有效期内;使用的测试受感部均有合格证,满足试车测量要求。

3) 叶片引爆装置

整机包容试验前,对1片风扇叶片进行打孔,炸药填充在金属外壳内形成切割索,放置在风扇叶片榫头预置孔内。试验时使用无线信号装置实现遥控引爆,起爆信号通过发动机进口正前方的无线信号发射装置发射,发动机风扇盘内腔中的无线信号接收装置接收信号后,通过起爆电源线控制雷管引爆切割索。无线信号发射装置发射安装在发动机进口斜前方,通过有线连接方式将控制按钮传输到试车台操纵间内,无线信号接收装置安装在风扇进口帽罩中心处。

4) 摄像系统

要使用高速摄像和普通常规摄像对风扇包容情况进行拍摄,摄像头布局可参考下述方式:

(1) 7台普通常规摄像头,分别位于台架立柱4处,发动机进口远前方1处,发动机喷口远后方2处。

(2) 9台高速摄像机,记录断裂风扇叶片断裂过程、断裂叶片撞击其他叶片及机匣的完整过程,以及从发动机进气道或者穿过发动机机匣释放出的碎片的轨迹,高速摄像机布局情况如图6.4所示。

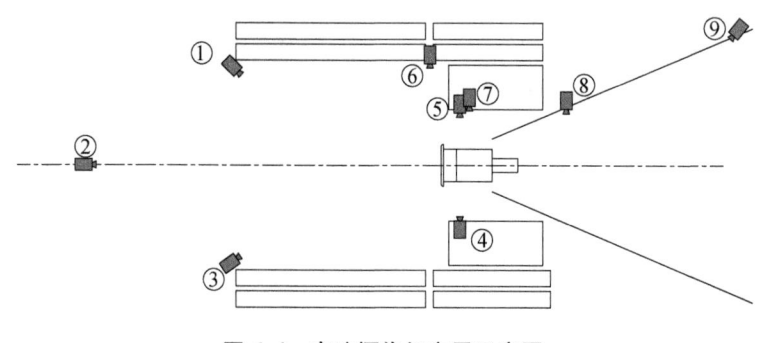

图6.4 高速摄像机布局示意图

6.4.2 试验过程

发动机整机包容试验过程可参考表6.1所示的发动机整机包容试验程序。

表 6.1 发动机整机包容试验程序

序号	内容
1	校准所有记录设备
2	移除所有设备的自动跳闸装置
3	检查摄像机
4	安装炸药
5	发动机加速至慢车并稳定运转 5 min(在该时间段将记录设备设置为低采样率)
6	用时 1 min 加速至要求的 N_1 转速
7	手动触发起爆炸药
8	确认叶片飞断后,开始倒计时 15 s;15 s 内不准移动油门杆;如果发动机由电控单元关闭,允许发动机降速;发现无风扇转速或高压转速指示后,立即通过手动控制关闭燃油
9	叶片飞断 15 s 后关闭燃油,允许发动机降速
10	评估发动机状况,按工程要求对发动机拍照
11	分解、检查发动机

6.4.3 试验后检查

1. 包容性

除了部分零件从发动机进口向前和从发动机喷口向后飞出外,所有碎片均包容在发动机机匣内,符合试验通过标准。

不存在穿过发动机机匣的碎片。碎片或被包容,或经由发动机喷口或进口飞出。

2. 发动机安装系统

试验过程中,通过视频录像监控系统查看,发动机未发生脱落,主、辅安装节未发生失效。试验后对主、辅安装节进行目视检查,螺栓及螺母均安装牢固,发动机安装节未脱落,符合试验通过标准。

3. 着火

根据高速摄像系统回放,在叶片飞失发生的瞬间,发动机进口处有火光产生,随后立即消失,发动机四周未发现火苗,未发生不可控的火情,符合试验通过标准。

4. 发动机停车能力

在叶片飞失后 15 s 移动油门杆至停车位置,通过视频监控及数据采集系统观察发动机自动停车。

5. 发动机损伤

分解发动机,检查发动机损伤情况。

6. 整机振动情况

调取数据采集系统中的发动机整机振动情况数据,通过对发动机叶片包容性及转子不平衡试验过程中振动的分析,评估试验过程中对发动机产生的影响。

7. 应力应变测试情况

调取数据采集系统中应变计测量数据,分析叶片飞失后测点应力变化情况,评估试验过程中对发动机产生的影响。

第 7 章
姿 态 试 验

飞机在起飞、爬升、转弯、着陆等各种动作时，发动机随飞机动作发生姿态变化，其中姿态包括横滚、俯仰和偏航三种。飞机绕自身 X 轴方向的旋转称为横滚（顺航向看顺时针为正）；绕自身 Y 轴方向的旋转称为俯仰（抬头为正）；绕自身 Z 轴方向的旋转称为偏航（在水平面内顺时针为正，符合右手定则），如图 7.1 所示。

发动机在不同的姿态下工作，发动机各部件、系统的性能、工作稳定性、共同工作能力、结构强度等都会发生较大变化，这些变化，会影响发动机的

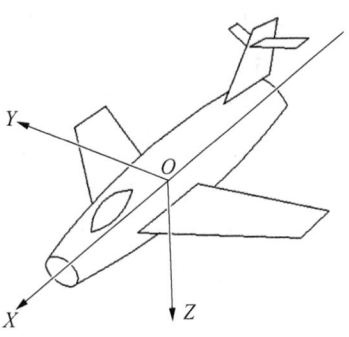

图 7.1 姿态的定义

工作能力。如润滑系统，要求保证不同飞行姿态的供油和回油、不出现不可接受的滑油中断等，设计时必须采取相应措施以满足上述要求，还要通过零部件、整机试验验证。

姿态试验包括部件级、系统级和整机级试验。

部件级试验的试验对象为润滑系统内相关部件（如滑油箱、滑油泵组等），只考核单一部件在不同工作条件下是否满意工作。

系统级试验的试验对象为润滑系统（包括全部的模拟轴承腔、润滑附件、管道等），利用系统级试验器，可全面模拟发动机润滑系统的流量、压力、流阻特性、地面及高空供回油协调特性，不同姿态下的工作特性，能够最大限度地模拟整个润滑系统，与真实发动机润滑系统的相似度达到 90% 以上。

整机级试验的试验对象为发动机整机，验证整机在飞机飞行中各种姿态下能否满意地工作。

各型号发动机在研制过程中和使用过程中所暴露的问题，通过开展部件试验是无法得到验证的，只能在整个润滑系统随整机运行的过程中逐渐显现并暴露出来。这导致许多润滑系统的系统问题在整机试车甚至试飞的阶段才暴露出来，给发动机的研制带来了巨大的风险。因此，尽早开展系统级和整机级试验非常重要。

为了开展航空发动机姿态试验,国外建设了一些部件、系统和整机的姿态试验器,如美国 Allison 公司的涡轴发动机整机姿态试车台,加拿大加普惠公司的涡轴发动机姿态试车台,美国海军推进动力中心的露天发动机姿态试车台。

本书重点论述整机姿态试验。

7.1　姿态试验要求

《航空涡轮喷气和涡轮风扇发动机通用规范》(GJB 241A - 2010)对发动机姿态试验的要求主要有:

发动机应能在图 7.2 所示的空白区内连续满意地工作,并在阴影区内至少工作 30 s;

发动机应能在图 7.2 所示的空白区域内启动、停车和安放。

试验分别在图 7.2 空白区所示的 6 个试验点起动发动机,并在中间推力状态至少工作 30 min,还应分别在图 7.2 阴影区域的 2 个试验点以中间推力至少工作 30 s。如果发动机在所有的工作极限内满意地工作,且无机械损坏迹象,即认为试验满意地完成。

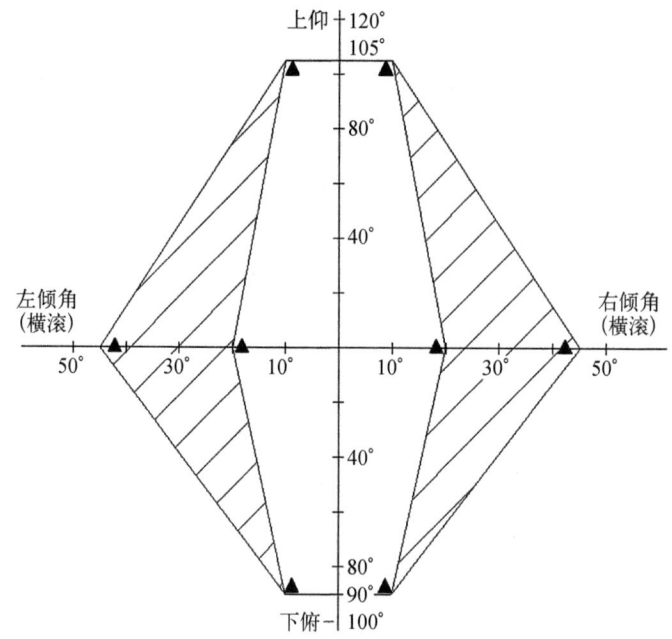

图 7.2　发动机姿态极限

▲为试验点;发动机中心线与纸面垂直;发动机应能在飞机所有加速状态下工作,在确定发动机质心(重心)处加速度矢量方向时,假设除重力加速度外无其他加速度

《航空涡轮螺桨和涡轮轴发动机通用规范》(GJB 242A-2018)对发动机姿态试验的要求与上述要求基本一致,主要区别是发动机在中间功率下姿态极限参数(图7.2的坐标点)不同,这主要是因为飞机的使用要求不同。

国外发动机通用规范对姿态试验的要求与 GJB 241A-2010、GJB 242A-2018 的基本一致。

从通用规范对工作姿态/姿态试验的要求,可以看出:

(1) 要求发动机能在飞机飞行的各种姿态下工作,诸如起飞、爬升、倒飞、空战机动、加油、地形跟踪。对于发动机设计,这些工作状态的持续时间是一项重要的考虑;

(2) 发动机在不同的工作阶段(起动、慢车、中间推力/中间功率状态、停车阶段)、在所有工作极限(不同的横滚、俯仰角度,中间推力/中间功率下的持续工作时间)内能够满意地工作(发动机工作特性和性能不受影响,不超过规范规定的工作和物理极限,未出现有害变形或其他损坏),且无机械损坏迹象。

7.2 姿态试验方法

发动机整机姿态试验应该以很强的部件、系统试验为基础,滑油箱、滑油供回油泵、齿轮箱、油气分离器及轴承腔以及整个润滑系统都应在各种模拟的飞行条件下开展性能、功能试验。

发动机姿态试验流程如下。

1. 发动机安装

发动机试验前,一般是先在装配厂房将发动机安装到预装架上,并完成部分测控及机械接口连接;然后将发动机及预装架运输至姿态台后进行安装;接着进行涡喷、涡扇发动机与工艺进气道(或者涡轴、涡桨发动机与功率吸收装置)的连接,并连接相应的工艺管道和线缆;最后进行试车前的各种检查和确认工作。

2. 试验前准备

对控制系统关键参数进行标定,获取标定曲线;对发动机测控系统在通电状态下开展静态检查,对台架及试车工艺系统(管路、泵、阀门等)进行静态检查。

对姿态试车台安装情况检查,并通过控制系统对试车台进行通电检查,开展俯仰、横滚角度的标定工作。

3. 开展姿态试验

1) 空白区域试验流程

发动机准备完毕后,分别起动姿态试车台的横滚装置和俯仰装置,将发动机安放在图7.2所示的空白区域的某个位置(图7.2所示的空白区极限位置或者试验大纲规定的位置)。发动机起动、运行、在中间推力/功率状态工作至少30 min(通用规范要求30 min,具体时间由试验大纲确定)、停车。而后分别将俯仰装置、横滚装置恢复到水平位置。

2) 阴影区域试验流程

(1) 发动机准备完毕后,起动姿态试车台的横滚装置和俯仰装置,将发动机安放在图 7.2 所示的空白区域的某个位置(试验大纲规定的)。发动机起动、运行。

(2) 启动横滚装置和俯仰装置,将发动机安放在图 7.2 所示的阴影区域的某个位置(由试验大纲规定),发动机工作 30 s(通用规范要求 30 s,具体时间由试验大纲确定)。

(3) 启动横滚装置和俯仰装置,将发动机位置恢复到空白区域的位置,停车。

(4) 启动俯仰装置和横滚装置,将发动机恢复到水平位置。

4. 试验后检查

主要包括发动机外观检查以及发动机分解检查。

通用规范要求,如果发动机在所有的工作极限内满意地工作,且无机械损坏迹象,即认为试验满意地完成。

对于"无有害变形或其他损坏"的要求,可以通过滑油光谱分析、滑油污染检查等完成,机械损伤检查包括发动机流道件以及主轴承、发动机附件机匣、滑油泵组、主轴密封装置、润滑系统等检查,需要通过发动机分解检查来实现。

对于"发动机工作特性和性能不受影响,不超过规范规定的工作和物理极限"的要求,可以通过发动机在姿态试验前后的标定试验,对相关参数(如推力、轴功率、燃油消耗量等性能参数以及滑油消耗量、滑油供油压力、滑油中轴承腔压力、滑油供油压力与滑油中轴承腔压力之差、轴承腔回油温度等监测参数)的比较、分析来完成。

对于发动机姿态试验中有关发动机姿态(俯仰角、横滚角)以及发动机工作状态和工作时间,通用规范只给出了指导性建议,这些参数的具体值,应在与用户认真协商后,在试验大纲中明确。

7.3 姿态试验设施

姿态试验设施主要由发动机台架(包含基础支撑架、姿态系统)、工艺进气道(涡喷、涡扇发动机用)、功率吸收装置(涡轴、涡桨发动机用)、试车工艺台架、发动机安装系统、排气导流系统、工艺系统、电气控制系统、测量系统、消防系统等组成,如图 7.3 和图 7.4 所示。

此外,如需开展发动机常规试验,还包括用于常规试车工艺台架等设备。

7.3.1 基础支撑架

基础支撑架是主要承力部件和人员通道,基础支撑架采用龙门形式,主要包括立柱、外部步梯和工作平台。基础支撑架以混凝土为基础,立柱采用大型的钢架结

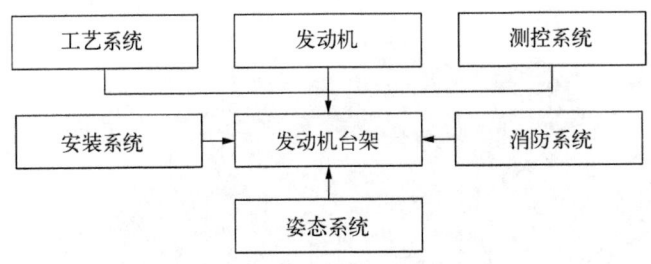

图7.3 姿态试验设施系统组成

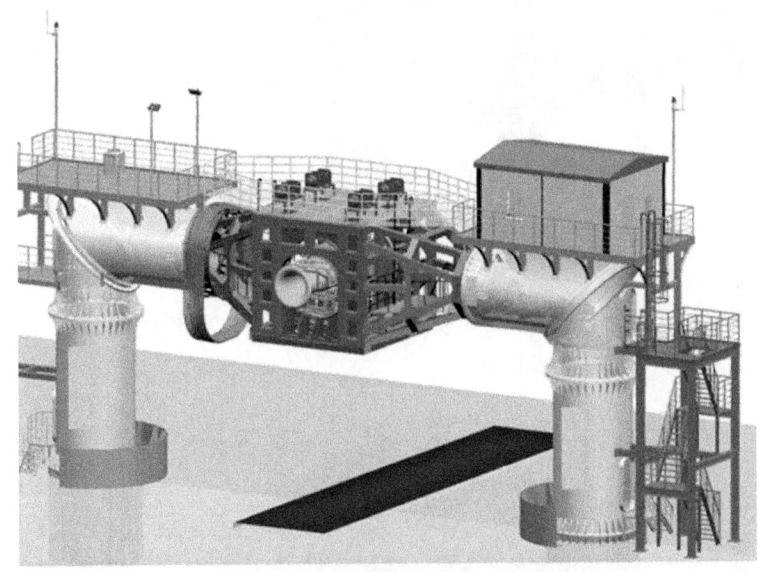

图7.4 姿态试验设施三维结构示意图

构或双层圆筒结构;工作平台上主要放置各种配套的设备和测控系统。

基础支撑架不仅承受发动机和姿态台架上所有设备的重量载荷,同时还承受发动机试车时的各种姿态下的推力。

7.3.2 姿态系统

1. 俯仰装置

俯仰装置采用钢架结构,如图7.5所示,位于立柱上方平台或圆筒内部平台,由俯仰驱动机构、传动齿轮、限位装置、滚动轴承等组成,用于实现俯仰姿态动作以及整个俯仰平台的支撑和位置锁定等功能。驱动装置选用伺服电机,其具有较高的转速及控制精度,便于试车时迅速在空白区域与阴影区域之间转换。转轴采用空心轴,管道和线缆分别从姿态台两侧通过转轴进入俯仰平台与发动机连接;转轴外侧安装滚动轴承及制动盘等。在水平锁定状态下才允许相关人员进入俯仰系统。

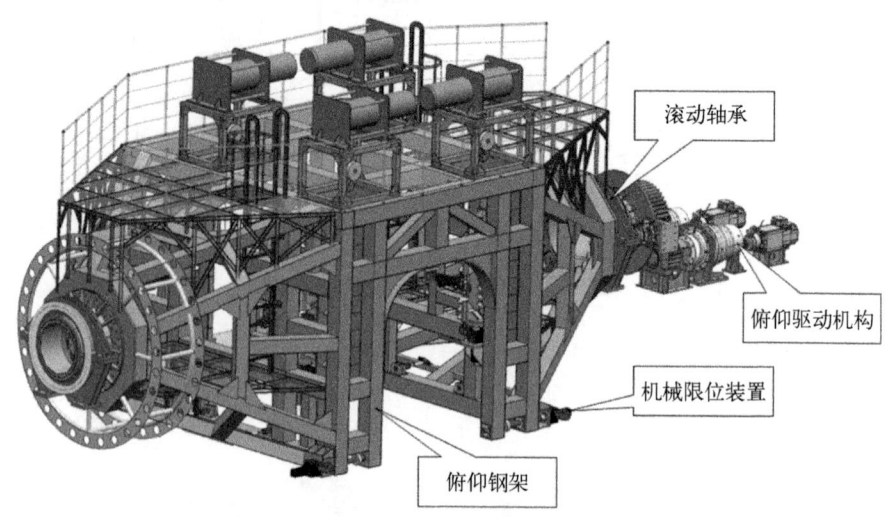

图 7.5 俯仰装置示意图

2. 横滚装置

横滚装置作为试车工艺台架和发动机的固定平台,主要功能是实现横滚动作和传递发动机推力,如图 7.6 所示。

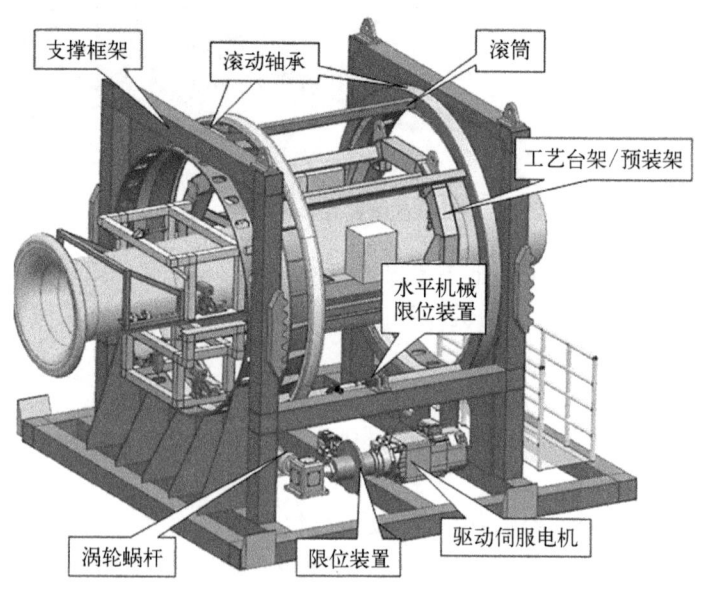

图 7.6 横滚装置示意图

横滚装置由滚筒、支撑框架、电机、减速器、涡轮蜗杆/齿轮、滚动轴承及限位装置等组成。在水平锁定状态下才允许相关人员进入横滚系统,以保证人员及设备安全。

横滚装置有较高的转速,以便在试车时迅速从空白区域转到阴影区域的试验点。

3. 姿态管线

姿态试车时,工艺管道主要包括发动机用的燃油、液压油和压缩空气管道等;线缆包括设备和发动机用的供电电缆、测试线缆、控制线缆等。与常规试车台比,姿态试车时主要解决管道/线缆的随动问题。

姿态管线按照使用阶段可划分为3类:试车前、试车中、试车后使用。对于试车前、试车后使用的设备管线,只需常规布置即可,预留操作空间,在试车时移除连接即可。对于试车中使用的设备管线,则需解决随动问题,不得出现干涉现象,并且要求安装、拆卸和维护方便。

7.3.3 试验配套系统

试车工艺台架主要作用是安装、固定发动机,开展相关试验。试车工艺台架由发动机预装架、进气道(涡喷、涡扇发动机用)及其支架组成。发动机通过主、辅安装节直接安装在预装架上。

对于涡轴、涡桨发动机,应设置功率吸收装置,来消耗发动机输出的功率。涡桨发动机一般选用叶复合材料螺旋桨。系统包括桨毂组件、桨叶组件和整流罩以及与之配套的螺旋桨电子控制器、螺旋桨调节器、高压泵和超转调节器、顺桨泵(或液压泵)和其他安装附件。涡轴发动机一般选用水力测功器,其功能是吸收并测量发动机输出的轴功率,主要包括测功器、飞轮、连接轴、辅助系统等。原理是利用水力测功器将发动机产生的机械能转化成水的热能由水带走,并通过测量发动机的输出扭矩和转速来计算发动机的输出功率。为了模拟发动机在直升机上的负载特性,还应配有与直升机上传动系统和旋翼转动惯量相同的飞轮。

发动机的工艺系统一般包括空气起动系统、燃油系统、润滑系统、油封系统、尾喷口操纵系统、液压负载系统、交直流发电机负载系统、发动机操纵系统、发动机引气系统、抽真空系统、燃油标定系统、消防系统,涡桨发动机还包括螺旋桨顺桨和回桨系统等。

电气控制系统用于发动机试验过程的控制、相关工艺试验设备的控制、现场试验过程及设备状态监视;完成发动机试车及试验相关全部设备的手动/自动控制、调节、供电、电气参数测量等功能。发动机控制系统用于在试车台模拟发动机装机状态,完成发动机试车中各功能状态的控制输入、测量信号的输入输出、状态监视、告警显示等功能。供电系统由交流不间断电源(UPS)、直流稳压电源、变频电源、起动电源、电源机柜、动力配电柜等组成。

数据采集与处理系统主要由数据采集系统、数据处理系统、数据显示系统和传感器、工业视频监控对讲通信系统等部分组成。测试系统由振动测试子系统、动态测试子系统、转速测试子系统、压力测试子系统、流量测试子系统、温度测试子系统及数据采集子系统所组成。数据采集系统通过千兆网络交换机将所有网络型测试设备、试验台电气系统及计算机联结成试验台测试局域网。工业视频监控系统实现测控中心对发动机整体及局部、试车台现场指定区域的视频监视、视频及音频采集与存储等功能。广播对讲系统作为工业视频监控系统的有效补充,来实现测控中心对指定区域的广播、控制中心与指定区域人员的及时对讲、紧急情况下控制中心对现场实现声光报警等功能。试车台网络通信系统是试车台各分系统之间信息交互的媒介,通过试车台网络系统可实现各试车台与测控中心之间的通信。

7.3.4　设备控制系统

设备控制系统主要用于完成各设备系统的状态监测与控制调节。主要是对设备的俯仰装置和横滚装置的姿态角度位置进行精确控制,同时具有对俯仰装置和横滚装置到位后进行安全锁紧和保护等功能。

俯仰装置与横滚装置的姿态角度运动均采用伺服驱动电机进行驱动。每台伺服驱动电机均配置增量式编码器和伺服驱动器,伺服电机动作时,增量式编码器将电机转动反馈到伺服驱动器,结合目标角度和反馈角度的差值,经过运动控制运算形成位置闭环控制,使得俯仰装置和横滚装置均能达到精确控制;伺服电机均配置抱闸功能,电机抱闸线圈在失电时抱死,使得电机轴在摩擦力矩的作用下不能动作,该种形式能保证在动力电掉电的情况下电机能够通过自身的自锁功能使得俯仰装置或者横滚装置立即停止,除电机抱闸外,还应设置独立的限位装置,如制动器、限位销等,保证姿态动作到位后的可靠限位。俯仰装置平台及横滚装置预装架上分别安装姿态角度传感器,其可代表发动机实际姿态位置,能够直接并精确地测量俯仰装置和横滚装置的角度位置;其主要监控参数包括:横滚和俯仰的角度、角速度、角加速度、时间等。

第8章
陀 螺 试 验

一台航空发动机大约有 40 000 个精密零件,结构复杂,是综合权衡结构、气动、热力、可靠性等多方面限制进行设计、制造的。发动机要工作在内外部非常复杂和严酷的载荷环境中,其内部工作环境存在温度、压力、振动、机械力等多种作用力的综合作用,同时,其外部还承受着由不同工作状态、机动飞行等引起的多种作用力。从发动机使用角度来看,要求发动机在各种内外部作用力综合作用下能够正常工作,且长期工作的寿命、性能衰减可控。因此,在通用规范和大多数型号研制规范中,都提出了类似以下的要求:在承受单独或复合的极限载荷下,发动机应保持足够的强度,不应出现灾难性的破坏,应通过结构分析和零件、部件及全尺寸发动机试验来进行验证和评定。

陀螺试验作为发动机整机试验项目之一,主要作用在模拟机动飞行中内外部作用力综合作用下,研究和验证发动机工作状态和结构强度,作为发动机或部件设计和改进的依据,综合权衡发动机性能和结构。

8.1 陀螺力矩的产生及对发动机的影响

如果以发动机为研究对象,其在飞行过程中所受的力可以分为两大类:自身作用力、外部作用力。自身作用力主要指作用在转子上的离心力、由于热梯度产生的热应力、作用在机匣上的气体压力、可能引起叶片弯曲和轴向位移的空气动力、振动等不可预测力。外部作用力主要指:飞机机动飞行产生的加减速度引起的作用力(通常称为线性载荷)与陀螺力矩。陀螺试验主要是模拟外部作用力对于发动机的影响。由于线性载荷的产生原因和对发动机内部结构的影响较容易理解,这里就不再赘述了,主要简述一下陀螺力矩及其对发动机研制和工作的影响。

在飞机进行大机动动作时或由于失速进入尾旋状态时,会产生较大的偏航角速度及机动过载,使得发动机高速旋转转子的旋转轴在空间改变方位,形成了称为陀螺力矩的抗阻力矩,该力矩通过轴承、轴承座、承力机匣、安装节最终传至飞机上。

陀螺力矩按公式(8.1)进行计算:

$$M_g = J_X(\boldsymbol{\omega} \times \boldsymbol{\Omega})$$
$$M_g = J_X \omega \Omega \sin \alpha \tag{8.1}$$

其中，M_g 为陀螺力矩，单位为 N·m；J_X 为转子极惯性矩，单位为 kg·m²；$\boldsymbol{\omega}$ 为转子旋转角速度，单位为 rad/s；$\boldsymbol{\Omega}$ 为飞机飞行角速度，单位为 rad/s；α 为 $\boldsymbol{\omega}$ 与 $\boldsymbol{\Omega}$ 矢量间夹角，单位为 rad。

陀螺力矩的方向按右手定则规定，从 $\boldsymbol{\omega}$ 矢量方向转向 $\boldsymbol{\Omega}$ 矢量方向。此时大拇指的指向为陀螺力矩方向。

在发动机设计过程中，为保证发动机性能而将预留间隙设定较小时，外部作用力会使发动机的转静子发生接触碰磨，这将造成发动机零部件的磨损，严重时会带来方案性的结构强度和振动问题。当预留间隙较大时，发动机的性能又会大幅降低。因此，在考虑陀螺力矩对发动机设计的影响时，既要考虑结构强度问题，又要考虑性能问题。由于两者存在矛盾，最终的设计结果通常是在强度储备和性能追求间寻找一个均可接受的最佳平衡点。为此需要对陀螺力矩状态下的相关部件开展静强度、寿命、转子系统挠曲变形分析、转静子间隙分析和性能分析，由于发动机在工作过程中的转静子间隙变化受诸多因素的影响，通过计算分析很难准确给出实际陀螺载荷下的间隙的变化情况，而部件试验也无法模拟真实的发动机工作环境，所以需要通过进行整机陀螺试验及进行相应的参数测量获得强度设计和性能设计所关心的转静子间隙变化情况、相关零部件的变形及载荷承受能力数据，这样便可获得结构强度寿命和性能优化设计的信息，为两者的平衡决策提供设计参考依据。

综上所述，可以将陀螺力矩对发动机的影响归纳成静强度、转静子相对位移和疲劳寿命等几个方面的影响：

（1）陀螺力矩影响发动机机匣、低压轴和安装节及相关的静子构件的静强度；

（2）陀螺力矩影响叶片与机匣之间的间隙，有资料表明，发动机在陀螺试车台上以 2 rad/s 试验时，转静子间发生严重的碰磨；

（3）陀螺力矩影响转子挠度，并引起转子的位置移动；

（4）飞机处于机动飞行状态时，发动机处于特定的工作姿态，有可能影响润滑系统，对滑油系统的供、回油能力产生负面影响，极限情况可能造成发动机断油；

（5）陀螺力矩影响转轴旋转弯曲疲劳寿命。

8.2 陀螺力矩试验要求及试验流程

8.2.1 陀螺试验要求

《航空涡轮喷气和涡轮风扇发动机通用规范》（GJB 241A-2010）对陀螺力矩

作为外部作用力的要求是：

除装机对象有明确要求外，发动机在最高允许稳态转速下经受下述条件所造成的陀螺力矩时应能满意地工作。

（1）绕垂直于转子轴线平面内的任一轴线，以 3.5 rad/s 的稳态角速度和 $1g$ 或 $-1g$ 的垂直载荷系数持续工作 15 s；

（2）绕垂直于转子轴线平面内的任一轴线，以 1.4 rad/s 的稳态角速度和图 8.1 所示的最大载荷系数工作，有无限循环寿命。

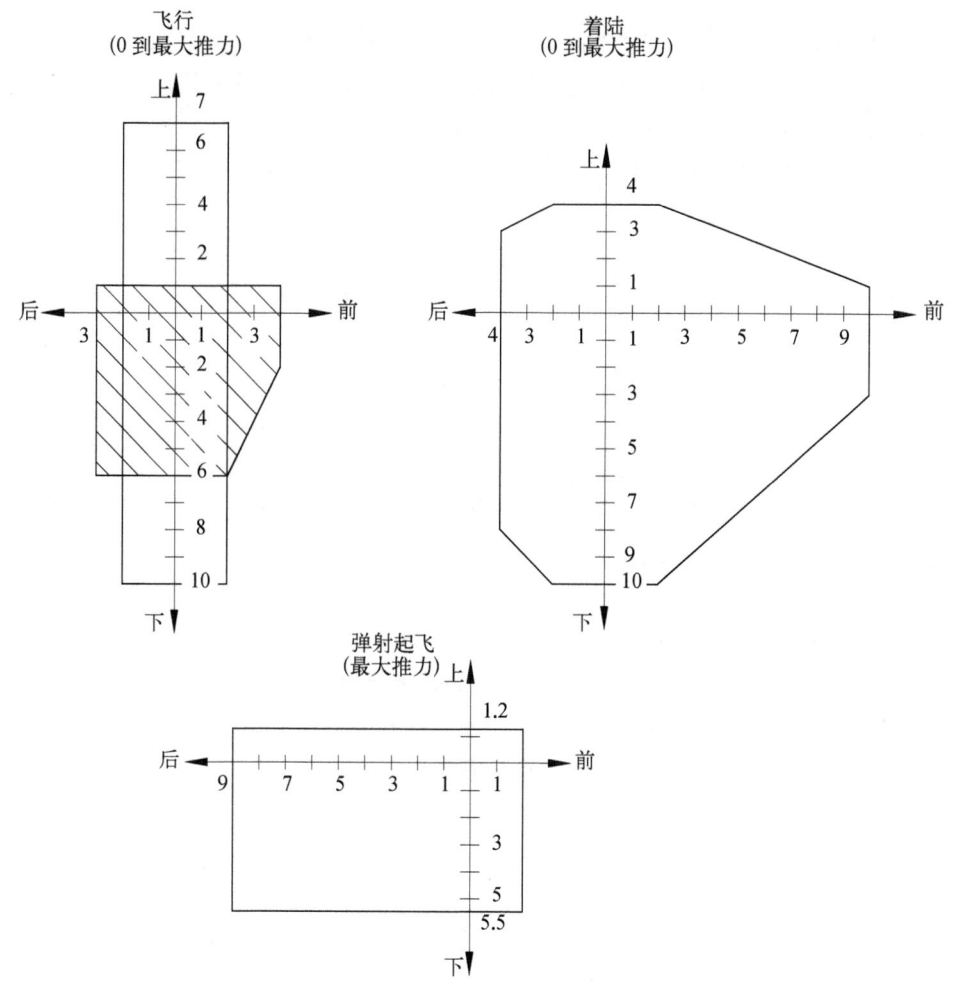

图 8.1　外部作用力

在 GJB 241A-2010 中对陀螺试验的要求主要是在初始飞行前和设计定型前。在初始飞行前，为验证陀螺力矩的影响，主要开展的试验项目为发动机静力试验；

在设计定型前,为验证陀螺力矩的影响,主要开展的试验项目为发动机静力试验和陀螺试验。在设计定型试验中,对陀螺试验提出明确的试验要求。按照相关详细规范规定的方法和程序进行陀螺试验,验证陀螺力矩的要求。

其他国家的相关规范中,对陀螺力矩和陀螺试验的要求基本相同。

通过上述标准的分析,可以看出陀螺试验的主要内容包括:

(1) 发动机以最高转速运行时,还要围绕垂直于转子轴线的一轴线旋转,旋转角速度从 0.5 rad/s 增至 3.5 rad/s,每步增加 0.5 rad/s,在每个角速度下持续工作 15 s;

(2) 测量和记录叶片与机匣之间的间隙、转子的径向和轴向间隙;

(3) 配备足以允许测量转子变形与位移的测量装置、关键部位应力的应变测试仪和足以评价滑油系统的滑油系统测量装置;

(4) 能够测量发动机机匣和附件机匣的振动数据(总量),某些发动机需要测量主轴振动;

(5) 带进气道和尾喷管进行试验,试验前对发动机进行性能校准;

(6) 发动机进行试验后的性能校准,然后进行分解检查。

8.2.2 陀螺试验流程

发动机需要在试验前安装好资料规定的进气道和尾喷管并固定在陀螺试验台上。试验前对发动机进行一次性能校准。陀螺试验流程如图 8.2 所示。

试验在陀螺试验台上以每步增加 0.5 rad/s,将角速度从 0.5 rad/s 增至 3.5 rad/s。每步试验的发动机操纵如下:

(1) 慢车 1 min;

(2) 在 30 s 以内,从慢车加速到最大允许转速;

(3) 在最大允许转速停留 10 s 或记录数据所需要的足够时间;

(4) 在 30 s 以内,从最大允许转速减速到慢车;

(5) 试验台和发动机停车,目视检查磨损情况。

在上述试验中,当陀螺载荷大于 1.5 rad/s 时,可以进行急剧加速和减速;对于陀螺力矩要求的第(1)条要求,在 3.5 rad/s 陀螺载荷的总时间不超过 15 s。

进行以上试验时,陀螺试验台先向一个方向转动,然后试验台向相反的方向转动,重复试验。试验完成时,发动机进行试验后的性能校准,然后进行分解检查。

试验后的校准未发现重大的性能损失,发动机及其各系统在试验期间工作正常,结构载荷在允许的极限之内,分解检查未发现叶片过度摩擦的痕迹或即将引起破坏的迹象,即认为满意地完成了该试验。

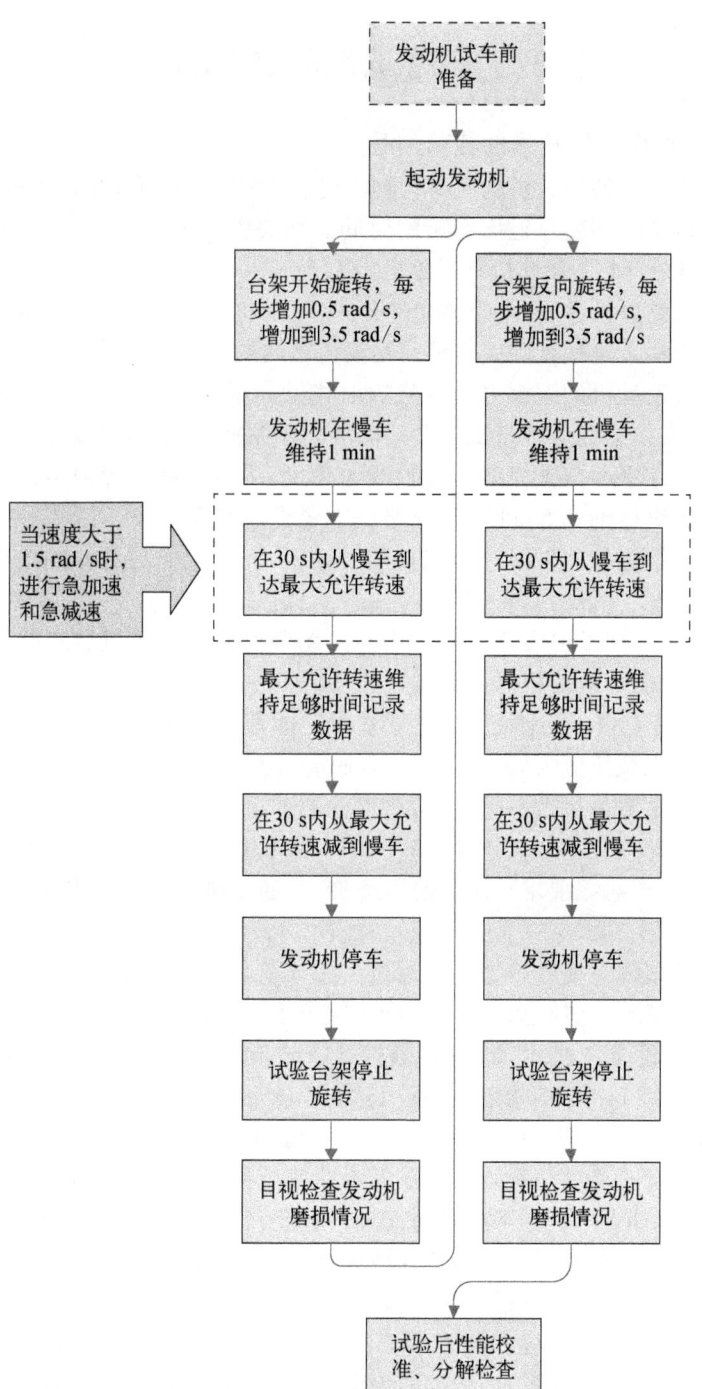

图 8.2　陀螺试验流程

8.3 陀螺试验的关键技术

8.3.1 陀螺力矩及线性载荷加载技术

发动机要承受的最大机动载荷,通常发生在飞机短时间大角速度退出螺旋时,而这一过程持续时间就是退出螺旋的时间。相关资料表明,战斗机能够达到的最大角速度为 3.5 rad/s、轰炸机和运输机为 1.5 rad/s,退出时间最大为 15 s。通过对实际工作情况的分析,结合陀螺力矩的公式,可以看出描述陀螺力矩两个主要的参数可以确定为最大角速度和旋转轴与发动机轴线的夹角。

为了实现发动机的陀螺力矩载荷的加载,可以通过将发动机放置在能够旋转的支撑架上,支撑架的旋转与试验发动机轴线存在夹角,通过改变支撑架的旋转速度或发动机支撑平面与支撑架旋转轴线的角度,可以控制陀螺力矩的大小。支撑架最大旋转速度达到 3.5 rad/s,已满足标准要求角速度。

对于不进行螺旋(训练)飞行飞机用发动机,其无限循环寿命的角速度可取飞机的最大角速度,一般为 0.4~0.6 rad/s;

从 GJB 241A-2010 关于外部作用力的图中可以看出飞机着陆时线性载荷最大,在选择线性载荷时要根据目标飞机的飞行任务综合确定,相应的研制规范或标准资料中也有基于不同剖面混频情况下给出推荐载荷值。通常最大载荷不超过 $10g$,考虑到极限载荷应为(最大载荷×不确定系数),该系数在不确定时应取 1.5,因此极限的线性载荷最大不超过 $15g$。

线性载荷的确定应以 GJB 241A-2010 和 GJB 242A-2018 的规范要求为基础,注意结合装机对象要求和研制使用经验,确定发动机机动过载及其与其他载荷的组合。

发动机的线性载荷的施加可以通过支撑架旋转产生离心效应来模拟,可以通过调整发动机安装位置距离支撑架旋转中心的距离和支撑架旋转角速度满足试验发动机的线性载荷要求,例如,最高转速 33 r/min,此时如果发动机轴线至支撑架回转轴心半径 13 m,模拟的线性载荷可达到 $15g$。

由于 GJB 241A-2010 的陀螺力矩章节的要求,需要分别模拟飞机在各种机动飞行状态时综合载荷的情况,比如,在低线性载荷和高陀螺力矩的失速状态或者高线性载荷、低陀螺力矩作用下的弹射或飞行着陆刹车状态等。从图 8.3(a)可以看出,根据载荷模拟原理可知,载荷架的转速是一个与线性载荷和陀螺力矩都相关的量,通过单一调整这个变量很难和试验要求的包线是相匹配的。因此,开展陀螺试验时,需要在系统中增加姿态调节系统,当发动机主轴与旋转轴形成不同夹角时,根据陀螺力矩的公式可知,这一夹角使得陀螺载荷在支撑架处于同一旋转速度时可以产生不同的陀螺力矩,从而可以模拟出相同线性载荷下,不同大小的陀螺力矩,以满足不同型号发动机的试验要求,如图 8.3(b)所示。

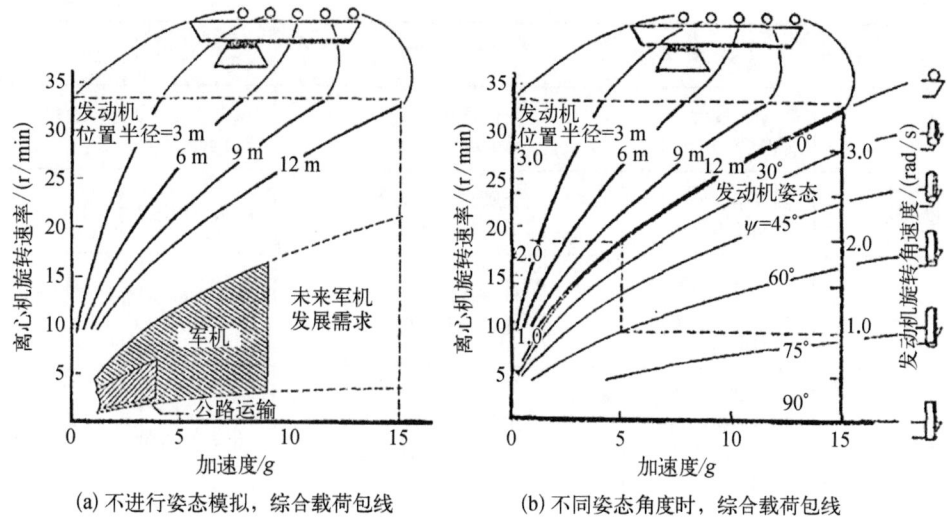

(a) 不进行姿态模拟，综合载荷包线　　　(b) 不同姿态角度时，综合载荷包线

图 8.3　陀螺试车台载荷包线与标准要求载荷区域的对比

8.3.2　转静子间隙测量技术

陀螺试验的主要目的之一就是寻找性能和结构之间的平衡点。在综合载荷条件下，通过获得发动机整个运行状态各部件的相对位置及其变化，可以充分评估各因素对转静子间隙的影响权重，在设计时合理协调考虑转静子间隙值的大小，以确保设计结果在能保证发动机安全的情况下，各项性能指标能得到最大程度的优化。因此，陀螺试验时，准确可靠地得到发动机转静子之间的轴向、径向机匣及其变化是陀螺试验的关键技术之一。

针对航空发动机的间隙测量，已经相继发展了放电探针法、电涡流法、电容法、激光光学法等间隙测量方法。表 8.1 给出了国内外主要的叶尖间隙测量方法在技术特点、适用性和结构特点等方面的对比结果。

表 8.1　主要叶尖间隙测量方法比较

技术名称	技术特点	适用性	结构特点
放电探针法	测量范围大 频响宽，灵敏度高 接触式测量 只能测量最小间隙	耐热温度<600℃ 各种叶面形状 不宜长期工作 仅适用于金属叶片	执行机构复杂
电涡流法	测量范围大 频响宽 灵敏度高	耐热温度<400℃ 叶尖端面有一定厚度 叶片必须是导磁材料	探头典型直径 25 mm

续　表

技术名称	技术特点	适用性	结构特点
微波法	测量范围大 频响宽	耐热温度>600℃ 易受电磁干扰	探头结构复杂，典型直径8.5 mm
超声法	测量精度低 降噪技术复杂	金属、非金属叶片 试用恶劣环境	探头结构简单
电容法	灵敏度高、频响宽 仅适用于金属叶片 试验前需要标定	耐高温<1 400℃ 绝缘要求极高	结构简单，探头典型直径大于5 mm
激光光学法	高分辨率、抗干扰强、数据获取速度快 对油污、反射面和光源敏感	耐高温 金属、非金属叶片	结构简单，探头直径小
X射线法	分辨率高 测量精度高 安全防护要求高	金属 叶片间隙、篦齿间隙	系统复杂，价格昂贵

1. 放电探针法

放电探针法也叫火花放电法，是基于火花放电原理结合精密机械位移结构来实现叶尖间隙测量。当精密执行机构驱动放电探针以连续步进的方式无限靠近被测叶片时，一旦探针-叶尖的距离小于 $3\ \mu m$ 时，间隙中的空气就会被电击穿，使得探针电极和叶尖之间释放出电火花，通过计算探针的移动距离即可实现叶尖间隙的测量。

放电探针法的特点是原理比较简单，只要叶片是导电材料，无论叶尖端面形状如何都可以用探针法测量叶尖间隙，并且在高温高压环境下测量稳定、可靠，测量精度高，不需重复校正，可用于校准其他测量法的基准数据，是目前成熟的叶尖间隙测量方法之一，但该方法只能测量转子的最小叶尖间隙。此外，探针进退的机械执行机构以及装置的操纵比较复杂，不适于作为固定设备装在发动机上。

2. 电涡流法

电涡流法实现叶尖间隙测量主要是利用了叶片经过涡流线圈时引起的涡流损耗变化。由于涡流产生的磁通量与叶片的电阻率、磁导率有关，输出信号会随着叶尖的形状、安装状态以及温度等环境因素发生变化，因此，试验前必须对传感器进行标定。除此之外，电涡流法还要求叶片必须是金属材质的。

电涡流法的特点是体积小，重量轻，结构简单，频率响应范围宽，灵敏度高，测量范围大，抗干扰能力强。该方法受叶片材料的影响较大，叶尖端面还需要有一定的厚度。由于传感器输出是随着叶尖形状、安装状态和环境温度等变化，因此，事先需要校准,使其适合使用环境。此外,传感器的耐热性能较差(400℃左右)。目前用于涡轮高温部件尚有困难。而且,探头直径大于25 mm,机匣开孔尺寸过大,不便安装。未来的研究方向是着力解决小尺寸,无需冷却的探头在高温环境(>400℃)下工作可靠性问题,研究用于涡轮等高温部件的可能性。

3. 电容法

电容法的基本原理是通过测量传感器和叶尖之间电容值的变化来实现对叶尖间隙的测量。传感器固定在机匣上,构成电容一个极,而压气机叶尖构成电容的另一个极。测得的电容是电极的几何形状、两极间的距离、两极间介质的函数。当电极的几何形状和介质是常数时,则电容的大小就只是两极间距离的函数。基于电容法的测量系统经过多年的技术发展和开发,已经在压气机、涡轮的叶尖间隙测量等工程实验中得到了广泛应用。

电容法的特点是,结构简单,不受叶片厚度变化的影响,能测出转子一排叶片中每个叶片的间隙变化;电容传感器灵敏度高,固有频率高,频带宽,动态响应性能好,能在数兆赫的频率下正常工作;功率小,阻抗高。缺点是精度受多方因素的影响,如测量时介质的介电常数的变化、环境干扰(磁场、电火花)、探头及机匣受热变形、校准误差等。绝缘是电容法的特殊问题,由于电容本身的内阻很高,因而对绝缘提出了更高的要求。另外,当材料性能不好时,其绝缘电阻将随温度和湿度变化,从而引起传感器输出产生缓慢的零位漂移。

4. 激光光学法

激光光学法测量叶尖间隙的基本原理是:当光源发出的光经光纤照射到位移反射体后,被反射的光又经接收光纤输出,被光敏器件接收。当叶尖间隙发生变化时,由于反射的光返回路径或者光强不同,在光电接收器上的位置或者光强发生变化,其变化量经过计算即得出转子叶尖的间隙。它可在旋转部件试车台和整台发动机上测量转子和气封之间的单个叶片叶尖间隙及平均叶尖间隙。该系统适用于风扇、压气机及涡轮叶尖间隙测量。装在发动机上的探头特别适合在条件极端恶劣的涡轮部件工作。激光光学叶尖间隙测量系统主要由光学分系统、电子分系统以及计算和图解终端组成。

激光光学测量法的特点是:不受转子叶片本身材料的限制,各种转子叶片都可测量;适用于精度高、频响快、高温涡轮叶尖间隙测量;能在恶劣的环境下工作,适用于静态和动态的实时检测;成本低、光纤探头体积较小、易安装等。但由于端面窄小,以及炭黑、油垢、灰尘等污损光学系统和叶尖反射面等原因,光学镜头易污染,导致精度下降,测量寿命缩短。

利用激光测量距离的方法可分为两大类:飞行时间法和空间几何法,应用在发动机间隙测量方面的技术也有多种,其中基于飞秒脉冲激光动态频域干涉技术发展较快,应用前景较好。

5. 高能 X 射线测量

X 射线穿透物体的能力较强，且其穿过被照物体时，X 射线的能量会由于物体的吸收和散射而衰减。衰减的程度取决于被照物体的内部结构和厚度，于是，透过的 X 射线的强弱就包含着物体内部结构的信息。利用 X 射线的特点开发的高能 X 射线数字成像系统，由加速器分系统、图像采集分系统、承载及运动分系统、扫描控制分系统和图像处理分系统组成，具体如图 8.4 所示。加速器分系统采用大功率（如 9 MeV）直线加速器，产生 X 射线束，X 射线束穿透航空发动机的检测区域形成投影图像，图像采集分系统以高清晰的数字成像系统采集 X 射线投影图像，并将图像传输至图像处理分系统的计算机中，使用图像检查软件对所获得的数字图像进行分析和测量。承载及运动分系统承载着加速器和成像装置等设备，完成检测流程中的各项机械运动；扫描控制分系统负责承载及运动分系统的运动控制，同时接受图像处理分系统的指令，触发加速器出束和成像装置采集；图像处理分系统负责整个系统的运行控制，并对所获得的图像进行处理、分析和测量，得出检测结论。

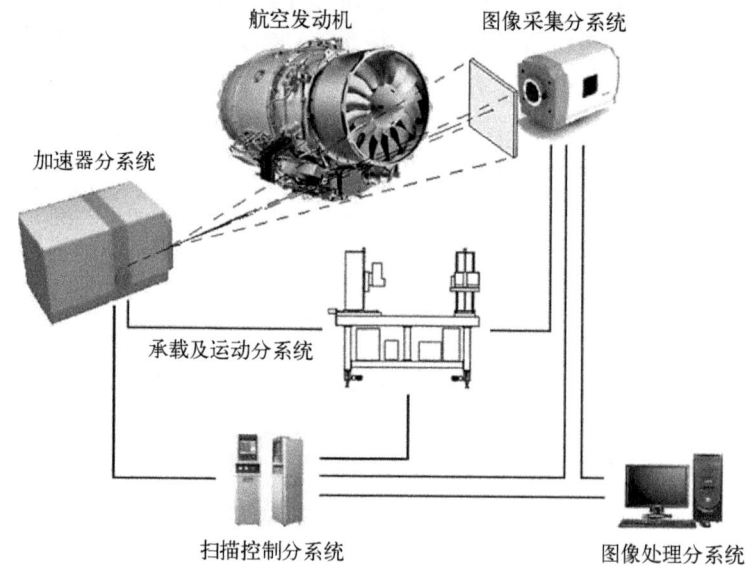

图 8.4　航空发动机高能 X 射线数字成像系统示意图

X 射线技术与图像测量科学相结合是航空发动机研制中一个强有力的工具，常规的测试设备只能提供发动机内部孤立点处的测试数据，而 X 射线图像可以动态地检查整台发动机密封的效果和直接观察发动机结构的变化和偏移。X 射线测量可以在不做硬件改动的情况下，获得发动机在各种运行条件下的内部关键部件动态尺寸结构特性，特别是发动机关键部件轴向和径向位移、篦齿封严间隙在不同工作状态下的变化情况，具有无需改装、测量位置范围广、对发动机工作无影响等优点。X 射线测量弥补了现有计算和其他测量手段的不足。

8.3.3 发动机进气整流、推力抵消技术

在发动机陀螺试验过程中，发动机随着载荷模拟系统处于旋转状态，发动机自身产生的推力与载荷模拟系统驱动旋转臂转动的动力相互影响，发动机产生的推力可能直接导致旋转臂的驱动力大幅增加，进而影响载荷模拟系统的稳定性。基于上述原因，需开展发动机排气推力抵消技术研究，主要研究发动机不同姿态角时的利用排气偏流抵消发动机推力影响，解决发动机推力对载荷模拟系统的影响，提高载荷模拟系统的稳定性。

发动机在陀螺试验过程中需满足不同姿态角的要求，从而导致发动机进气方向与运动方向存在可变夹角，当陀螺试车台架高速旋转时，发动机进气可能受到严重的干扰，为防止发动机进气发生畸变，发动机进口前端配置进气整流装置，进气整流装置可根据姿态角要求对发动机进气流场进行整流，改善发动机进气条件。

8.4 陀螺试验设施

陀螺试验设施主要由发动机试车台架、试车工艺系统、试车电气控制系统、试车测试系统、进气整流装置、排气导流装置、承力基础、承力基座、载荷模拟系统、姿态模拟系统、平移机构、主动平衡系统、设备电控系统、参数测量系统等部分组成，如图 8.5 所示。

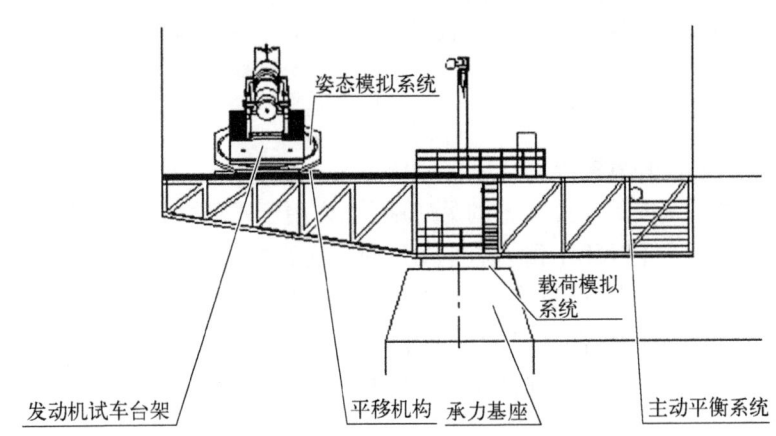

图 8.5 载荷模拟试验器示意图

通过这些装置实现陀螺力矩和线性载荷的加载，其中主要利用载荷模拟系统和姿态模拟系统模拟满足试验要求的陀螺力矩和线性载荷对发动机的加载，利用排气抵消装置解决发动机排气转向以抵消推力，减少尾气回流对发动机进口流场

的影响。利用测量系统实现转静子轴向和径向间隙测量；利用主动平衡系统实现支撑架旋转过程中对稳定性的控制，下面针对这几个关键系统进行介绍。

8.4.1 载荷模拟系统

载荷模拟系统是载荷模拟试验器的核心系统，主要用于安装固定试车台的其他系统，通过载荷模拟系统实现发动机线性载荷的要求。载荷模拟系统主要由旋转支撑、旋转臂、驱动电机、减速器、轴承、刹车装置等部分组成。载荷模拟系统利用离心力原理实现发动机的线性载荷的要求，通过调节转速和发动机安装点与回转中心的距离，来改变线性载荷的大小。同时载荷模拟系统绕自身转轴形成的转速，可以模拟飞机的旋转速度，其与发动机自身转速及各自转动中心的夹角共同形成陀螺力矩。

8.4.2 姿态模拟系统

姿态模拟系统主要用于模拟发动机姿态形式和姿态角。姿态模拟系统是一套三自由度的转动系统，并可以在任意角度定位。其中横滚通过摆动油缸实现，俯仰和偏航通过两条绕垂直发动机主轴的旋转轴实现，通常使用电机或液压作动筒实现。

8.4.3 排气导流装置

排气导流装置采用可调排气方向的空间结构排气导管，由于发动机排气温度较高，排气导流装置应采用耐高温材料。排气导流装置应考虑发动机不同俯仰姿态的排气方向对载荷模拟系统的影响，并且应考虑发动机排气不应影响发动机进气流场。

8.4.4 主动平衡系统

主动平衡系统安装于旋转臂的另一端，主要用于平衡载荷模拟系统由于发动机工作状态不同产生的不平衡力。主动平衡系统的重量应根据旋转臂发动机端的重量进行配置，可根据旋转臂发动机端的重心位置，自动调整自身的重心位置，保证旋转臂两端保持平衡，防止试验过程中对支撑系统产生影响。主动平衡系统应保证旋转臂两端的受力始终保持相互抵消的状态。

8.4.5 参数测量系统

进行发动机陀螺试验时，发动机的转、静子间隙是主要的测量参数，也是评价发动机是否满足标准规范要求的重要指标，因此需要选用专业测量设备对发动机转、静子间隙进行测量，以此来满足发动机陀螺试验的测量要求。

8.4.6 试车测试系统

测试系统用于试验过程中发动机以及各个工艺设备性能参数的采集、监视和存储,测试系统根据发动机测试项目需求,具有面向标准总线的模块化系统结构,在功能和性能方面满足不同型号发动机的试验测试要求,同时测试系统具有开放性和可扩展性。

测试系统主要由台架测试系统(包括通用数据采集系统、数字压力测量仪、数字温度测量仪、测试系统配套设备、测量检校仪器仪表、扫描阀吹校系统、数据采集与处理系统)、振动测试系统、脉动测试系统、气象环境测量系统等组成。

参考文献

陈光,2006. 航空发动机结构设计分析[M]. 北京:北京航空航天大学出版社.

陈国栋,刘闯,王洪斌,等,2019. 航空发动机包容试验研究综述[J]. 航空发动机,45(3):82-90.

陈益林,2010. 航空发动机试车工艺[M]. 北京:北京航空航天大学出版社.

方昌德,2009. 航空发动机的发展研究[M]. 北京:航空工业出版社.

关玉璞,陈伟,高德平,2007. 航空发动机叶片外物损伤研究现状[J]. 航空学报,28(4):851-857.

胡绪腾,宋迎东,2012. 外物损伤对风扇/压气机叶片高循环疲劳性能影响的研究[J]. 航空发动机,38(3):18-23.

焦天佑,陆宝富,2008. 露天试车台——研制大飞机发动机的保障[J]. 国际航空,6:70-72.

李卫东,2005. 中国民航飞机鸟击事件统计分析与研究[D]. 西安:西北工业大学.

李文兰,唐狄毅,乔渭阳,等,1993. 飞机噪声的预测和分析[J]. 航空学报,14(10):496-499.

李应红,等,2014. 航空涡轮涡扇发动机试验技术与方法[M]. 上海:上海交通大学出版社.

李志茂,李革萍,王大伟,等,2013. 开放式结冰条件模拟技术研究[J]. 民用飞机设计与研究,4:25-28.

梁春华,2007. 21 世纪大涵道比涡扇发动机技术研究计划和关键技术[C]//中国航空学会 2007 年学术年会论文集,深圳.

刘璐璐,2014. 二维三轴编织带缠绕碳纤维复合材料机匣包容性研究[D]. 杭州:浙江大学.

刘萝威,戴耀松,1998. 阿诺德工程发展中心航空推进系统试验所得结冰实验能力[J]. 飞航导弹,11:50-58.

龙玉珍,冯永红,1997. 阿诺德工程发展中心的全尺寸进气道结冰试验[J]. 飞航导弹,9:41-46.

马庆祥,2002. 航空发动机地面模拟吞水试验[J]. 燃气涡轮试验与研究,15(4):

39-44.

潘辉,赵振华,陈伟,2007. 航空发动机叶片外物损伤试验模拟方法[J]. 航空发动机,38(1):51-54.

潘辉,2012. 叶片外物损伤的特征分析及模拟试验研究[D]. 南京:南京航空航天大学.

尚守堂,曹茂国,邓洪伟,等,2014. 航空发动机隐身技术研究及管理工作探讨[J]. 航空发动机,40(2):6-9.

施晓萌,2019. 航空叶片用钛合金外物损伤、组织变化及其疲劳特性[D]. 镇江:江苏大学.

宋双杰,张玉莲,2008. 美、英航空发动机部分特种地面试验简介[J]. 大众科技,101:112-114.

宋新波,吕雪艳,章建军,2012. 飞机红外隐身技术研究[J]. 激光与红外,42(1):3-7.

孙广华,孙明霞,2009. 国外航空发动机特种试验[R]. 沈阳:沈阳发动机研究所.

王宝坤,林山,张帅,等,2020. 大涵道比涡扇发动机侧风试验方法研究[J]. 航空发动机,46(1):70-74.

吴伟东,2016. 硬物对发动机风扇叶片损伤规律的仿真研究[D]. 天津:中国民航大学.

邢洋,王常亮,李兆红,等,2019. 航空涡扇发动机吞水性能变化[J]. 航空动力学报,34(8):1717-1723.

邢玉明,刘海丽,徐柳青,2011. 飞机发动机结冰研究进展[J]. 空军工程大学学报(自然科学版),12:8-12.

薛洪科,常鸿雯,刘旭峰,2019. 某型航空发动机地面吞水试验设备技术研究[J]. 机械工程师,(1):64-65.

杨彬,周燕佩,2010. 民用航空发动机结冰审定[J]. 国际航空杂志,9:50-53.

英国技术索引公司,1987. 飞机涡轮发动机通用规范[S]. DEF STAN 00-971.

曾海军,2006. 航空发动机进气系统结冰、冰吸入及结冰保护的合格审定[J]. 中国民航飞行学院学报,17(3):14-17.

张丹玲,韩永强,2012. 大涵道比涡扇发动机特种试验技术研究[C]//第5届民用飞机先进制造技术及装备论坛,北京.

张冬梅,朱春婷,曹文杰,等,2006. 涡轮风扇发动机在飞机红外隐身技术中的应用研究[J]. 红外,27(11):5-8.

张海洋,蔚夺魁,王相平,等,2015. 鸟撞击风扇转子叶片损伤模拟与试验研究[J]. 推进技术,36(9):1382-1388.

张永飞,贾宗芸,2017. 某型涡轴发动机吞鸟试验及验证[J]. 航空发动机,43(5):

62-68.

赵运生,胡骏,屠宝锋,等,2013.进气畸变对涡扇发动机稳定性及性能影响[J].航空动力学报,28(6):1298-1304.

朱彦伟,曹高峰,刘旭东,2013.侧风对某发动机工作参数稳定性影响的监控及分析[J].航空发动机,39(2):79-83.

А.П.列乌特,А.С.谢尔巴科夫,1983.进气道与发动机共同工作的特性及其飞行试验方法[M].刘兆林,译.北京:国防工业出版社:30-32.

Alexander L, Nicolai B, 2013. The balde releasing method for test of engine casing containment[R]. IMECE2013-63749.

Cardwell D N, Chana K S, 2010. The development and testing of a gas turbine engine foreign object damage(FOD) detection system[R]. ASME-GT-2010-23478.

Gaeid K S, Hew W P, 2011. Wavelet fault diagnosis and tolerant of induction motor: Areview[J]. International Journal of the Physical Sciences, 6(3): 358-376.

Hagford D E, Hewgleg H E, 1981. A facility to observe the effect of simulated flight maneuver loads on turbine engines[R]. AIAA-81-1591.

Nightinggale L F, 1993. Unique development testing at Allison gas turbine[R]. AIAA-93-2450.

Scott H C, 1981. NAPC gyroscopic moment test facility[R]. AIAA-81-1480.

Tam C K W, 2008. The sources of jet noise: experimental evidence [J]. Journal of Fluid Mechanics, 61(5): 253-292.